··Beyond Beliefs··

a guide to improving relationships and
communication for vegans,
vegetarians, and meat eaters

餐桌上的
幸福溝通課

有效改善蔬食者與
非蔬食者間關係之指南

國際知名社會心理學家
梅樂妮‧喬伊 ▪著
Melanie Joy

台灣友善動物協會共同創辦人
(Kindness to Animals, KiTA)
留滄 (張家珮) ▪譯

謹將本書獻給蔬食者們：你的在乎和奉獻是給地球的禮物；我希望這本書能回報一些你所給予世界的貢獻。亦獻給那些與你站在同一陣線的盟友們。

　　也獻給我的丈夫，樂百善（Sebastian Joy）——我最敬佩的同事，親愛的朋友和我一生的摯愛。

致謝

我深深感謝許多人的支持，使本書能順利完成出版。我要感謝凱西·弗雷斯頓（Kathy Freston）讓我考慮編寫此書，以及在此過程中給予我的不懈支持。

我感謝「摒棄肉食主義組織」（Beyond Carnism）的工作人員協助暫時分擔任務，以便我能專注於寫作。我特別感謝妮娜·亨格爾（Nina Hengl），她在某些艱辛的過程中與我同在，分享她的智慧和鼓勵。

貝絲·雷德伍德（Beth Redwood）日以繼夜地工作，以創作圖說及獨特的封面；唐·蒙克里夫（Dawn Moncrief）進行了非常必要的分析，從而改變了我的寫作過程；布雷特·湯普森（Brett Thompson）加入並確保本書之出版；佛拉比亞·德瑞絲莫（Flavia D'Erasmo）幫我們節省了時間及格式化手稿；海倫·哈瓦特（Helen Harwatt）抽出寶貴的時間來審閱稿件，並幫助我想出了更好的副標題；羅賓·弗林（Robin Flynn）投入了時間和精力為我的任務打造了支持結構。我還要感謝工作人員傑夫·曼尼斯（Jeff Mannes）和詹斯·圖德（Jens Tuider）的出色投入和支持。

我感謝杰羅·史考克（Gero Schomaker），儘管超級忙碌，但他還是花了很多時間與我見面，討論和幫助我磨練我的想法、發展圖解概念、以及擔任我的好朋友。我要感謝我的編輯喬伊斯·希爾德布蘭德（Joyce Hildebrand）所做的出色工作；吉姆·格林鮑姆（Jim

Greenbaum），為我的大部分工作奠定了基礎；我的前經紀人帕蒂・布雷特曼（Patti Breitman）再次為我大力推薦，讓本書盡可能地被廣泛推廣；感謝蘇珊・所羅門（Susan Solomon）堅定的智慧、指導和友誼；和露西・伯瑞比（Lucie Berreby），感謝她幫助我將著作更全面地帶給這個世界。非常感謝露易絲・菲佛（Louise Pfeiffer）和馬庫斯・沃爾特耶（Markus Woltjer），他們自願投入時間和精力來校對和格式化稿件；還有斯蒂芬妮・斯盧什尼（Stefanie Sluschny），卡羅琳・扎科夫斯基（Carolyn Zaikowski），Nana Charléne Spiekermann，托比亞斯・李納特（Tobias Leenaert），溫迪・艾格納（Wendy Aigner），亞歷克斯・希格森（Alex Higson），裘德・伯曼（Jude Berman）和特雅・沃森（Teja Watson）。

最後，如果沒有我的丈夫樂百善（Sebastian Joy）的支持，是不可能出版這本書的。樂百善在初期的每個階段都陪在我身邊——幫助我磨練想法、激發靈感、照顧我的需要以及不斷逗我發笑。

目錄
contents

Chapter 5 肉食主義：
蔬食／非蔬食者關係中的 隱形入侵者 ·150

Chapter 6 成為蔬食者：
生活及悠遊於 非蔬食世界 ·180

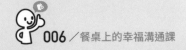

Chapter

7 化解衝突：
預防和管理衝突的
原則和工具

Chapter

8 有效溝通：
成功對話的
實用技巧

Chapter 9 改變：
接納策略及
轉型工具

·286

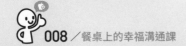

各界讚譽

飲食選擇就好比每個人獨有的生活習慣，在相處上難免因為習慣不同而有所爭執，然而每次的爭執經常是出於週遭親友與家人的關愛與擔心。這本書以生活化又具科普知識的案例，教會我們如何面對及有效降低擔憂。

當相處之間放寬心了，才有可能化解對彼此的成見，接納對方也找到最適合雙方的相愛方式。

——Hao & Yang（找蔬食YT頻道主理人）

蔬食者與非蔬食者，如何接納彼此？身處非同溫層，是否會感到格格不入？這樣的議題可以擴展，從宗教信仰、政治觀點、性別議題，到生活事務看法，常牽動生命的根基，影響生活中的關係。本書從關係入手，探討人與食物關係，雖然以蔬食者角度，但作者旁徵博引，展開冰山各層次，讓不同觀點的人，更認識自己，接納不同立場的人。

——李崇建（薩提爾模式推手）

「一起吃飯！」讓我們和親友同事有機會交流共同的話題，彼此感情得以更加親近。因此，成為蔬食者不僅僅是個人的飲食習慣調整，更會牽動和家人朋友的人際關係。

「從一顆慈心出發」不僅是蔬食者看待食物的觀點，也同樣可以成為和非蔬食者溝通的關鍵！謝謝梅樂妮透過本書引導我們探索自己和他人的關係，並學習在過程中彼此接納與尊重。

——陳美慈（里仁公司行銷經理）

閱讀此書，重新對生命有所省悟；閱讀此書，改變對萬物既有態度；閱讀此書，在人我之間找到出路；閱讀此書，世界安樂從你我口腹。希望能有更多的人尊重生命，減少世間的暴戾之氣，讓人與萬物處於和平，而能讓自然之美繼續延續。

——薛六童（蔬食諮商心理師）

梅樂妮・喬伊（Melanie Joy）思路清晰，筆法細膩，並且以事實服人。本書輕輕地融化了我們圍繞信念而搭建起的牢籠。每位蔬食者的書架上都應有一本，也值得列入每位非蔬食者的閱讀清單。

——菲利浦・沃倫（PHILIP WOLLEN）
花旗銀行前副總裁兼文森康斯坦斯慈善機構
（Winsome Constance Kindness）創始人

從遇見梅樂妮・喬伊（Melanie Joy）的那一刻起，很顯然地，她成為了連接你與內心深處的慈悲和一般常識的催化劑。當下你會希望自己至少能像她一樣清晰地表達想法。幸運的是，你現在掌握了一個

指南，可幫助你與生活中，世界上的其他人，和你自己之間順利導航。這本書會讓你感到更清晰，與人的連結更緊密，充滿信心，甚至（儘管遇到了許多難題）也更加快樂。強烈推薦給任何想要更多察覺的人們，以將有意識生活之光帶入個人關係，甚至深入到我們所處的主流文化內的一切事物中。

——拉尼‧梅拉斯（LANI MUELRATH）

《正念蔬食者：尋找健康、平衡、和平與幸福的30天計劃》（The Mindful Vegan: A 30-Day Plan for Finding Health, Balance, Peace, and Happiness）作者

梅樂妮‧喬伊（Melanie Joy）為曾經被食肉者誤解的蔬食者以及曾經對蔬食者感到困惑的食肉者提供智慧、安慰和建議。這本書可以為你指引你信念之外的道路，讓你可以清晰而富有同情心地進行溝通和交流。我強烈推薦此書！

——麗莎‧布魯姆（LISA BLOOM）

The Bloom Firm律師事務所民權律師

梅樂妮‧喬伊（Melanie Joy）從根本上轉變了我們看待自己與他人之間關係的方式，使世界變得更加美好和富有同情心。

——南特‧倫克勒（NATHAN RUNKLE）

憫惜動物（Mercy For Animals）創始人

梅樂妮‧喬伊博士（Melanie Joy）以敏銳的洞察力和清晰的思路解決了一個重要議題。

——格倫‧梅澤（GLEN MERZER）
《非訂房》（Off the Reservation）作者

梅樂妮‧喬伊（Melanie Joy）完全切中要害！這是滿足所有蔬食者需要，以獲取看待事物的各種觀點、減輕同情疲勞（compassion fatigue）並有意識地過健康生活的一本書！

——香農‧基思（Shannon Keith）
動物救援教育組織及小獵犬自由計畫
（ARME and Beagle FreedomProject）的總裁兼創始人

作為蔬食者／非蔬食者婚姻中的一員，我感謝梅樂妮‧喬伊（Melanie Joy）在尊重自己的同時仍能兼顧與伴侶的選擇相處的智慧。對於任何想把用餐時間作為身體、精神和社交養分來源的人來說，本書是必不可少的閱讀材料。

——琳達‧瑞貝爾（LINDA RIEBEL）博士
塞布魯克研究所（Saybrook Graduate School）心理學家和教師

建立關係可能是相當困難的一件事，特別是對於試圖找出如何與非蔬食者的朋友和家人建立連結的新蔬食者來說。喬伊博士的書為解決這些問題提供了出色的指導，並為蔬食者和其他人提供了有助於實

現社會成功所需的工具。

——戴夫‧賽門（DAVE SIMON, Esq.）

《肉類經濟學》（Meatonomics）一書的作者

梅樂妮‧喬伊（Melanie Joy）的工作包含了一部分有史以來關於飲食心理學最優秀的觀點，並對我們最重要的某些飲食信念進行了首次健全、連貫並深入的分析。在本書中，喬伊再次取得了重大成就。這本書帶給我閱讀之樂。我無法想像任何人會在沒有發出「啊哈！」的情況下閱讀本書，而這是件好事。

——傑佛瑞‧穆塞耶夫‧馬森

（JEFFREY MOUSSAIEFF MASSON）博士

《當大象哭泣》（When Elephants Weep）等書籍之作者

這本書可以幫助有任何飲食信念的人們顯著改善關係和人際溝通。而且，如果你是蔬食者（或素食者），這本書也將幫助你更加了解自己，並使你能更有效地推廣蔬食。

——柯琳‧派崔克-古德羅（COLLEEN PATRICK-GOUDREAU）

《30天純素挑戰》（The 30-Day Vegan Challenge）等書籍之作者

讓愛超越信念

文／凱西・弗雷斯頓（Kathy Freston）
紐約時報暢銷書作者

　　在寫這篇推薦序時，一個念頭突然閃過。如果六年前我在某次會議上沒有遇見梅樂妮・喬伊並與她成為密友，我的生活不知道會變成什麼樣子。我知道她在肉食主義心理學方面的傑出表現，並且欽佩她對於人們吃動物的飲食文化的戰略思考方式。她參與了一個蓬勃發展的社會正義運動，並將其包裝成令人從心理學角度信服的對話。她問，為什麼我們愛狗，吃豬，穿牛皮？針對這個問題，梅樂妮提出了批判性思維的藍圖，將我們為什麼珍惜某些動物卻吃掉其他動物的觀點聯繫起來。她相當有耐心地談論讀者原先關於吃肉的各種理由，同時始終尊重他們具有找尋更有意識的飲食方式的能力。就我所知，梅樂妮顯然是極其出色的知識分子，對人的心理有透徹的了解。

　　在遇到梅樂妮那令人難忘的一天，當時我並沒有意識到，依著她敏銳的洞察力，我將有多大的成長。我得以洞悉自己內心的困惑，並且能夠表達出自己的各種掙扎。當時，我嫁給了一個我深愛多年的男人，但我們的關係也漸行漸遠。當初遇見我的丈夫時，我放縱地吃著

牛排和雞肉，並自豪地認為自己是驕傲的大口吃肉的美國人，所以當我開始用不同的眼光看世界（動物性食品）之時，我們就開始疏遠了。這不是任何人的錯，而是我們失去了透過對方的眼睛看世界的能力。

對於一個寄情於文字、對於坦率地表達感到寬慰的人（畢竟我是一名作家），我突然不知道自己有權感受什麼，甚至不知道該如何表達自己的內心。似乎我越感受到關於「有意識的飲食」的生命呼喚，我和婚姻中另一半之間連結的差距也就越大。當然還有其他問題，每個人的婚姻都多少有些問題。但是，最大的、無法克服的問題，是我和丈夫發展出截然不同的興趣和哲學，並且在多年裡的諸多脫節使我們陷入了無交集的平行生活。經過一番苦惱和爭論，我們決定離婚。

在我生命中這段遭遇的最後階段，我在那次如命中注定的會議上遇見了梅樂妮，她成為了我睿智的顧問。不僅如此，她說出了我的內心話，並幫助我用一些詞語來表達自己。在此我想更進一步說明，她不僅僅讓我知道我值得擁有自己的感受，無論那些感覺是什麼，她還溫柔地帶領我去看到自己需要成長和成熟的地方。她當然從未說過這是她的目標，但這就是她所做的：她幫助我成長，熟練地指導我變得更加尊重人和充滿愛心，更加充滿耐心及謙虛，並且在各種關係中更加真誠。梅樂妮擁有難得的天賦，可以鼓勵你不畏懼地說出真相，同時又能幫助你在尚未達成目標時修正問題。

這種不懈地檢查思維和交談內容的方法，自然會為你帶來更好的人際關係、更多的連結、更深切、更濃郁的愛。

離婚後的幾年裡，我結交了越來越多的朋友，並再次遇見了愛。我的伴侶並非蔬食者（儘管他已經學習了很多，是「近乎蔬食者」），而我的朋友中只有少數是蔬食者，你可能會因此感到好奇。然而，即使蔬食主義是我的基本原則，並不意味著我只能和其他蔬食者在一起。相反地，我認為與那些與我有不同想法的人密切合作是非常振奮人心的。它教會了我要思慮清晰，保持開放並不斷保持好奇心。當其中一人採取行動，以更加理解另一人，縮小了「我的信念」和「你的信念」之間的差距時，這使我對此人的愛又更多了。愛似乎超越了「信念」。

在我們的友誼之間，我一直是接受梅樂妮指導的幸運者。而基於同樣的精神，這也是梅樂妮在你將要閱讀的讀物上將要獻給你的禮物：她將幫助你了解自己，解開你在強烈懷抱著某個信念，而你的重要他人並無此相同信念時所產生的糾結情緒。你將能更加熟悉地認識自己，並且能更加清晰地表達；這樣一來，你將能夠更優雅和充滿智慧地將各種關係，甚至一輩子的旅程，都經營得更加美好。請先有心理準備，這並不總是一條容易的路。本書將邀請你，在這個似乎各家媒體皆在鼓吹分化、群體派系的威脅亦使人們更加分離的世界中，搭建起連接彼此之間的橋樑。

正如詩人魯米（Rumi）寫於800多年前的詩句：

在超越是非對錯的遠處有一片綠地，我將會在那與你相遇。
Out beyond ideas of wrongdoing and rightdoing, there is a field. I'll meet you there.

那片綠地就是愛、就是連結。梅樂妮・喬伊正在點亮通往它的道路。

溫柔、包容，讓人際關係更美好

文 / Sidney
台灣第一屆Vegan生活節──草歡派對創辦人

　　我從 2010 年開始吃素，在 2015 年成為 vegan 純素者，也在該年底成立台灣第一個純素生活節。剛加入這個社會運動時，很早期認識的推廣者之一，就是 Melanie 博士，我在 2018 年參與過她的推廣工作坊，得到很多新的觀點；甚至在 2019 年，幫 Melanie 和 Tobias 博士在台灣擔任廣播採訪的中英口譯，因此和博士有私下相處的機會。

　　Melanie 是非常溫和的人，我非常仰慕她，因為深諳心理學，她流露出一種高度包容力的氛圍；她用社會心理學的方式，來分析素食者和葷食者之間的問題，非常有邏輯、洞察力，她可以說是我一路走來，在經營社群這條路上，一個非常重要的楷模。從她身上我學到的真理就是，先理解對方，才能與對方溝通；我一直抱著這樣的信念，在推廣的路上實踐著。

　　在進行純素推廣這些年來，因為博士的分享，讓我察覺，素食者和葷食者之間的生活挑戰，大多跟葷素無關，而是人際關係和價值觀

的問題，素食者和旁人常產生的摩擦，其實在其他族群裡也屢見不鮮，譬如 LGBT 、或是抱持信仰的宗教人士；換句話說，只要能看清問題的本質，你問題可能很快能迎刃而解。

　　我從一個無知的動保人士，慢慢吃素、認識純素主義，自己也經歷了最早期變成 vegan 的憤怒和焦慮，也和許多親友發生衝突，但因為學會了用溫柔、有包容力的方式和周遭的人相處，才得以重建我的人際關係，坦白說，我現在的人際關係經營得比吃素前更好；這些成就，都是因為 Melanie 博士的教育，如果，你還在不斷面對衝突的階段，建議你一定要讀完這本書，也非常歡迎讀者上網跟我討論你們的觀點。

出於自由的選擇，才有真正的力量

文／左湘敏
亞洲環境生態護育交流協會常務監事
台灣環境生態產業工會監事會召集人

用兩天讀完了梅樂妮博士即將問世的新書，書中探討的是有關如何發展素食主義的未來。

首先直指痛處的就是：「素食主義者該如何與其他人相處？」

說說我自己吧，我是個吃隨便素的人，嚴格來說，我不能稱自己吃素，我有什麼就吃什麼，而外出時，我也很畏懼親友因我而刻意調整菜單、面有難色的嚼草如同嚼蠟，與其如此，我都會拜託大家千萬不要因為我改變飲食習慣，我會照顧自己，可是事與願違，大家幾乎都還是因為太重視我而改變了那一餐的選擇，對此，我完全沒有感到開心，反而內心充滿愧疚。

久而久之，我發生了畏懼和其他人用餐的心理情況，現在的我，只能跟兩個人自在用餐，一位是純素者、一位是自由飲食者，而在其他場合，我已經習慣了躲起來吃飯，樂得輕鬆。

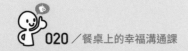

接著我看見了好幾個章節有關人類學家硬核的論述，說真的，能從防禦系統、溝通模組、衝突管理、甚至闡述素食者PTSD的書籍，我從來沒有機會讀過，自從2014年意外看見牛隻被屠宰的超級恐怖影片後，我花了2年的時間形成腦內連結，到2016年4月1日，突然就覺得我不想再吃動物了，至今我看到牛肉，依舊會回想起屠宰的過程，也會像牛隻的創傷反應一樣，我會不由自主的搖頭，想把那痛苦的回憶搖出腦袋。

　　原來，這就是素食者看見其他人吃肉所被引發的PTSD（創傷後壓力症候群），而有些症狀明顯的素食者，會開始攻擊身邊「導致痛苦」的親友們，而親友們在受到指責之後，也陷入了情緒反應，開始抗辯或諷刺嘲笑素食者，網路上充斥著各種互相指責、互相嘲諷的梗圖，但有多少人因此覺得對方說的有道理呢？

　　乍看這個框架是有點沉重的「素食主義者」與「肉食主義者」，似乎是光明與黑暗、善與惡的抗戰，然而兩方都認為自己才是「正確的那一邊」，這「聖戰」要何時方休？當人類知道自己正參與不道德的事情時，大多數的人類並不是更換選擇，而是替自己所在的那一方抗辯。所以，指責他人或贏得辯論是否有實際效用？可以參考「太陽與北風」的寓言故事。

　　幸運如我，在2018年就有幸接觸CEVA，一個運用人類學與心理學及策略聯盟的純素食推廣組織，在當時就深深為「不用強調動物的傷痛」也能「實際上幫助動物」的論述實在令我折服，也千方百計的

想要再邀請梅樂妮博士再為動保工作者演講一場，沒想到更幸運的是，梅樂妮博士出書了！還是由我們敬佩的盟友翻譯的，前7章談理論基礎，第8章開始談實務運用，最後還提供了豐沛的參考附錄，聽演講或許只能談一個章節，現在全部的知識都匯聚成書，能夠讓更多人提昇自己的力量，這裡指的力量，並非是獲得「什麼植物不會痛嗎？吃動物就是壞人嗎？」這類吵架資本，而是同理雙方的視野，在雙方都獲得尊重、同理情感的前提下，尊重雙方自由的做出選擇。

沒錯，只有出於「自由的選擇」，人類才會獲得真正的力量，感謝梅樂妮博士撰文與家珮精采的翻譯，感謝原水出版社實為本書的問世的重要推手，「動物權」是在解放奴隸、解放婦女之後，當代最閃耀的議題，所以，我也推荐本書給動物保護領域的工作者閱讀，當有一天您也能侃侃而談，這個信念就會成為您的力量。

祝福每一位讀者都獲得自己的力量，take your time.

驚世的劫難，茹素的覺醒

文／邱仲仁
法國巴黎大學政治學博士
曾任駐馬達加斯加、查德、瑞典、捷克大使，
外交部條法司長，歐洲司長
兼任國內各大學研究所教授

　　本書作者是研究人際關係的心理學家，特別注意到蔬食者與非蔬食者間之關係，就西方社會而言，蔬食者如何與伴侶、子女、親友、同學、同事做有效的溝通，維持良好關係，確實存在許多問題，書中豐富的內容及詳盡分析解說，值得參考運用。

　　從東方社會角來看，我們習於說清楚講明白，善解、尊重、慈愛、包容、坦然面對所有非蔬食者，用真誠與關愛進行交流與溝通，絕不期待立刻的改變，卻可播下慈善護生的種子，當因緣俱足成熟時，這些非蔬食者會認同理念，進而加入茹素行列，也不至於造成爭論，對立和衝突，東方度人講求循序漸進、順其自然的哲學思維，以慈悲心及平等心表現出來的態度與語氣，比較容易被人感受、接納進而改變其飲食習慣。

本書主要談及拒吃肉食，平等愛護動物的生命，其實，今日我們早已面臨動物界的反撲，3年來瘟疫肆虐全球，迄今確診已超過6億人，死亡超過600萬人，當人類傾全力研發各種疫苗對抗病毒之際，另二個重大危機，地球暖化及戰爭衝突正日益嚴重化，威脅到全人類之生存環境。人類的自私自利，為口腹之慾，用各種殘暴手段殺害動物，據統計，全球約每秒屠殺2500隻，每日2億2千萬隻，每年788億隻陸地動物葬身人腹。歷史上沒有一次瘟疫肆虐，不與動物相關。愛因斯坦說，現在你吃動物，將來動物吃你。餐桌上的牛排從屠宰場來，牛隻從養牛場來，牛場從大面積土地開墾，大量伐木焚林而來，造成二氧化碳大增，排泄物汙染環境，溫室氣體加排，又因耗費大量糧食，飲水餵養牲畜，造成全球糧荒，水資源危機，嚴重破壞大自然生態與人類生活。

近年來，極端氣候，45度C襲擊北美洲、北極、格陵蘭，造成百年暴雨大洪水及森林大火，西歐、中國、日本、美國、澳洲人民的生命財產損失慘重。而極端氣候低溫，-45度C亦造成許多災難，南北半球同時受到極端氣候變遷之摧殘。聯合國政府間氣候變遷專門委員會早已警告，評估在2040年就會達到氣候警戒線，時間極為緊迫有限。許多機構及專家提出數據佐證，全球碳排量，電力約占27%，交通工具約15%，畜牧業則是占一半以上，其中動物排泄的有毒氣體，包含甲烷、二氧化碳、氮、硫化氫約占總排放量20%。根據世界糧農組織報告，畜牧業使用全球30%土地、16%淡水及33%糧食作物，平均生產1磅（0.45公斤）肉，要消耗1800加侖6813公升）水，而目前地球

上，有上億人得不到乾淨飲用水，每10人有1人處於飢餓狀態，每5至10秒即有兒童死於飢餓。足見畜牧業所造成之大劫難，歸根結底，就是人類無止盡的口腹之慾。

唯一最快速有效之解方，即素蔬食。聯合國專家指出，素蔬食可減少超過三分之二在糧食生產上溫室氣體排放，還可下降已開發國家人民肥胖率。少吃肉食，畜牧量就會減少，對人民健康及地球環保皆有極大助益。如不生產肉品，即可在原耕地上，增加49%糧食產量，可多餵飽40億人口。所有糧食危機及水資源危機皆可迎刃而解。2010年聯合國即已做出聲明：「全球性的全素飲食移轉是挽救世界飢餓、能源危機和氣候變遷至關重要之一環。」

蔬素食，向來被認為是虔誠、慈悲、克己、自律、真誠的象徵，中國古代的「齋戒」即包含蔬食、健康、清淡、戒慎之意。在《禮記》中，記載歷代皇帝在舉行宗廟祭典時，皇帝及皇室成員均要事前戒食酒肉、，齋戒沐浴數日，方可執禮，請上天賜福。而在國有災難，瘟疫流行，水災大旱時，必斷酒肉葷食，祭拜天地叩求平安。佛教大興後，一般人民逐漸接受慈悲戒殺之思想理念。聖經與可蘭經之經文中，亦有類似戒命，可見古聖先賢皆以「戒殺」為重要教義。

如今，世態動亂，人心敗壞，病毒橫行，氣候反常，乃天地間正氣不足，暴戾之氣高漲，根本清源之計在於護生棄肉食，維護大自然生態，如此或可免於人類自取滅亡也！

真誠一致，建立安全感與連結感

文／洪芙瑋
蔬食諮商心理師

梅蘭妮喬伊博士對於現代心理學、平等和社會權利運動的貢獻是巨大的。心理學是研究人類行為的科學，在探討關係衝突、霸凌、暴力甚至是種族歧視的研究中，一種人類自古以來就有的行為——食用動物，則是心理學界缺失的一角。

我也曾經在自我論述中有著缺失的一角。

六年前的某個夜晚，家中小狗在我腳邊趴下，看著我吃桌上的牛肉麵。我看著愛犬，再看看牛肉塊，我強烈感到心理學所稱的認知失調——愛動物的我，為何愛著小狗，卻吃著牛肉麵？對答案的探究，引領我從梅蘭妮喬伊博士的著作中，認識到肉食主義（CARNISM）存在以及籠罩在其中的人類飲食行為。

如同梅蘭妮喬伊博士提到的「矩陣」，要讓繼承文化的人們和社會，從覺察到發生改變，最後從矩陣中走出是不容易的。作者用她長期的觀察與研究，溫柔地補上那缺失的一角。

從肉食主義中覺醒，常常伴隨自我和人際關係的改變，面對依然維持舊有飲食習慣的重要他人，梅蘭妮博士提醒，關係中的安全感和連結感是穩固關係最重要的因素：我們「如何（How）」一起享用美食比我們吃「什麼（What）」更重要；我們用真誠一致的態度處理差異才能建立穩固真實的親密感。

對於那些勇敢做出改變、關心動物福祉的人們，梅蘭妮博士更是指引出希望的燈塔，辨識、建立和珍惜盟友（Ally），現實中，這位盟友可能見證你改變的密友、家人，也可能是在地方上協助推動蔬食友善環境的企業、政治家、意見領袖等。

這是一本探討蔬食與人際關係的好書，不論是已走在蔬食覺醒道路的你或是面對重要他人飲食改變而困惑擔心的你，這本書會給你這條路上所需要的知識裝備、技巧以及態度，去操練所有親密關係中的核心，愛。

餐桌上的和平

文／卿海盟

大誌雜誌英國特派專欄作家

英國卡帝夫大學新聞媒體文化研究博士

在英國大學教書時，有位學生找我討論論文主題，她想研究新聞媒體對於蔬食者（vegan）形象的塑造，本身身為蔬食者的她，很想為蔬食者來發聲。的確，不論是在戲劇與電影，或是在新聞媒體報導中，對於蔬食者不友善的情形常常可見。

最有名的橋段之一，是電影〈新娘百分百〉（Notting Hill）裡，當女主角棄男主角於不顧，男主角周圍的友人在安慰男主角時，批評「蔬食者都是不可相信的」。

學生想以學術上分析的方式，驗證媒體對於蔬食者形象塑造都是較為負面的現象，她希望能以實證的研究結果，扭轉媒體別再以不自覺的方式，來形塑蔬食者的負面形象。

事實上，像我這位學生從小因為愛護動物而主動改為蔬食的人不在少數，他們不能理解，一方面大人教導「要愛護動物」，另一方面

卻殺害大人口中要被愛護的動物，成為盤中食物，很多小孩哭著不能理解為何大人會這麼奇怪。

「蔬食者」與「食肉者」之間的關係，有許多時刻都是緊繃，彼此是在天平的兩端，本書作者梅樂妮.喬伊（Melanie Joy）嘗試要找尋天平兩端的橋樑，從心理、社會、溝通等層面，以看似不含情感的分析文字，先梳理兩造對於自己所遵循飲食的判斷準則，進而在層層脈絡中步步拉攏彼此，讓雙方先放下指責彼此的食指。

看似冷靜，實則充滿希望彼此互愛的語意，作者想要達到的目的不言而喻。乍看以為是替食肉者說話，仔細閱讀可看到作者對於「Vegan Movement」（蔬食運動）對於整體社會進步的肯定，對於社會未來該前進的方向，絕對不是「只談競爭，不談相愛」的殘忍境界。

譯者以流利的譯筆，準確地拿捏出作者一層一層蘊藏的深意。這本書適合所有搞不清楚大人而曾經身為哭泣小孩的人，以及想要讓這個社會上的彼此，更為相愛的人來閱讀。

愛，是從餐桌上的和平開始蔓延。

多管齊下，找到最適合的溝通方法

文 / 倪銘均

大愛台前主播

看了《蔬食者與家人的幸福溝通課》，佩服作者梅樂妮‧喬伊思路清晰，可以把這樣的一件事情寫成一本書，也感恩家珮引進這本書，讚歎她翻譯的用心。

如何和非蔬食者溝通，我也有幾個經驗分享。

圖畫、照片

一個概念，透過一張圖畫、一張照片，有時候即可說明清楚。

我在生日、農曆新年、清明節、母親節、端午節、農曆七月、中秋節，還有媽 祖誕辰，甚至俄烏戰爭，都請人繪圖或製作影片，鼓勵蔬食。

有時候也拍攝可愛動物，照片加上幾個字也有勸素效果；這些照片和插畫，透過轉傳，和一群我認識或不認識的人溝通；不用爭論，蔬食觀念潛移默化。

文章

我在臉書和部落格開設「素食救地球」單元，分享新聞、個人觀點、書摘，還有聽演講的筆記等。

另外也多次投書報紙，從「環保」、「護生」、「宗教」、「減少糧食、水源消耗」等面向，分享蔬食好處與重要性。

文章被轉發、轉寄、轉貼後，達到溝通的目的。

演講、主持

我的演講和主持1700場，有關蔬食約100場，發願蔬食演講1000場。我演講前問大家是否蔬食，演講後再問一次，很多人願意改變飲食習慣。我也利用主持機會，不著痕跡帶入蔬食觀念。

演講就是和一群人溝通，這本書裡面很多觀念對我受用，可以用在未來的演講。

自己經驗

我以前無肉不歡，現在積極推素。播新聞前要梳化，以前我坐上椅子就「秒睡」，梳化妝師不時要把我頭抬起來，相當辛苦；蔬食後，精神明顯變好，不再「秒睡」。

蔬食前總膽固醇330 mg/dl，茹素後減少80，在250左右徘徊降不下來，可能和家族遺傳有關。

後來參加「健康挑戰21」活動，吃極少鹽、極少油、極少糖、沒有肉、蛋、奶的原型食物後降到204，之後再吃紅麴降到181（200以下算正常），三酸甘油脂紅字也不見，另外瘦了2.7公斤，腰圍小5公分，骨質正常、沒有貧血。

太太以前晒太陽5分鐘就會起疹，茹素後可能晒1小時才會起疹。兒子、女兒異位性皮膚炎，兒子特別嚴重，吃藥、抹藥效果都不好，茹素後竟然好了九成，而且是在沒有吃藥、抹藥的狀況之下。兒子後來還當上大愛小主播。

這些改變，我都會在演講中或是親友聚會中分享，有驗血數字佐證的親身經驗，很有說服力。

宗教

2020年，因為我一個想法，艋舺龍山寺董事長黃書瑋公開呼籲「媽祖誕辰 齋戒三日」，後來北港朝天宮董事長蔡咏鍀跟進，推出「媽祖慈悲月」，包括新港奉天宮、松山慈祐宮、高雄保安宮近百間媽祖廟陸續響應。

慈濟積極推素，我也參與其中。

其他

因為推素，認識梅門氣功的好朋友，也邀請氣功大師李鳳山到花蓮靜思堂演講，李師父是胎裡素，他就是素食的最好見證。

家珮催生《非藥而癒》一書在台灣出版，她希望邀請作者徐嘉博士來台，我幫忙尋找經費，促成十場演講，數萬人聆聽，雖然沒有統計，但絕對有非常多人因為徐嘉博士而願意轉為蔬食。

　　另外我也在國建署、健保署、台北市政府環保局推素或演講。之前也在新聞時段推出「素食心語」單元，五年持續邀請各行各業人士，分享蔬食心得。

　　以上都是我和非蔬食者溝通的方法，跟大家分享。真心期待有更多人可以透過這本書獲益，找到和非蔬食者溝通的好方法。

學習理解、尊重，進而練習溝通

文 / 小野&鹿比
野菜鹿鹿YT頻道主理人

「我的家人反對我吃素，請問我該怎麼辦？」

這是我們身為蔬食料理的頻道主，最常被問到的問題。家人的不理解、不友善、不相信，導致跟家人、朋友的距離越來越遠，因不同的價值觀產生了不必要的摩擦與爭吵。

但其實理解之後，我們是有辦法溝通並解決的，書裡面詳細分析雙方關係的心理層面，兩者都沒有誰對誰錯，都是很自然而然的行為，只是信念不同而已，我們所面對的只是價值觀的差異，而不是蔬食者與非蔬食者的對立。

曾經也是無肉不歡的我們，因為了解到畜牧業以及漁業對於環境的汙染，我們選擇了不吃肉，當然也遇到了家人的質疑，所以如何有效的溝通，如何懂得尊重、傾聽、理解，甚至到自我覺察、與自己溝通，是需要練習的。

在這個失衡的世界裡，我們也要找到舒服安定的位子，好好把自己的信念堅持下去，都是我們每一個人需要學習的！

這本書已經不是單純探討蔬食者與非蔬食者的關係，探討的是說話的藝術、溝通的方式，看似淺顯易懂的書名，其實裡面富含了深奧的人際關係相處。

假如你現在正在面臨與家人的革命、與愛人的破裂、與朋友的不歡而散又或是對自己的不認同，別懷疑！這本書絕對會讓你試著學著解決、理解、放下，是一本可以度過人生課題的關鍵好書！

真誠相對，達成共好

文／張芷睿
無肉市集創辦人
無肉新生活推廣協會理事長

　　這本書解開了我無肉飲食18年來不同層面的困惑，就像一本蔬食心靈療癒的解答密碼，讀完後深深感到信任，感到自己被安全的照顧到了。

　　開始植物性飲食後，我接觸到許多不同觀點，經常與自己內在的認知打架，又因為無法得知每個問題背後的真相，只能用自我的觀點與他人辯解，缺乏平衡又令人舒服的同理心，常常造成兩敗俱傷。

　　這本書用生活故事敘述，透過理解將不同立場的觀點呈現，使我們更清楚傳遞飲食選擇與改變的背後，其實需要顧及每個靈魂投身到地球，都有其轉變的步調，而身為一個陪伴者，我們也需要覺察、等待與陪伴著。投身無肉推廣志業後，我了解到需要尊重每個人的行為，我們的內在如同冰山，喚醒水面下層層的意識，應該以輕敲和溫柔相伴。

在透過尋美食的同時，梅樂妮·喬伊博士將美食與人、文化背景、扣住家鄉情懷，親情與生活的所見所感，穿插在行文之中，讓吃不只是吃，而是對食物與環境的另一種看見。

這是一本透過飲食的角度，啟發我們真誠去看見、去改變，進而與家人、朋友們共好，無論你是想要改變的葷食者、還是正走在這條愛的路上，卻不知該如何與他人溝通，我想這是一本靈性與工具兼具的好書，值得你翻開一看，當你與內在的善良連結時，相信你會有一種，當下被理解與被眼淚包圍的感動。

為蔬食／非蔬食者
搭建彌足珍貴的溝通橋樑

文／張祐銓
台灣週一無肉日聯絡平台總召集人

　　僅僅看到這本書的書名及目錄內的章節主題而已，多年來的際遇觸動而生，歷歷在目五味雜陳。終於有這樣的書了，真像一位良師益友，諮詢解惑如書名一目了然，《餐桌上的幸福溝通課：有效改善蔬食者與非蔬食者間關係之指南》。真好，為現在的蔬食者很幸運地有機會得此良書伴手感到高興。

　　那年有個機緣，看到一份世界飢荒與素食關聯的資料，當下決定要成為終身茹素者。那種「雖千萬人吾往矣」的壯志情懷縈繞於心，但許多人情世故的兩難及糾結也隨之迎面而來。父親得知，反應激烈，認為我將來會去出家，囑咐母親、哥哥、嫂嫂、妹妹輪番勸我放棄吃素。我也堅定地闡釋我「為什麼要素食」的理由及意志，經過多年的溝通，家人逐漸理解，好幾位後來也都跟著茹素，家族聚會時也會主動改以蔬食為主。從孤軍一人到家人同盟，這段奮鬥的過程與曲折，成為自己生命中很有價值的一份堅持與記憶。

多年來的生涯，難免碰到非蔬食同儕或長輩的不理解與刁難，也會尋求蔬食者前輩請益溝通良方。在理解非蔬食者想法的過程中逐漸積累經驗與調整自己，這對於個人在往後推廣週一無肉日運動的心態上有著莫大的助益，文明的進步需要每個人的參與，期待藉由鼓勵非蔬食者從每週一素開始，先從不接受轉為不排斥，嘗試踏出無肉的第一步，進而理解蔬食者的價值觀與美好願景，最終改變自身落實更多的蔬食生活習慣。

　　如今的社會，雖然蔬食實踐者仍是小眾，但願意接受因各種不同理由而成為蔬食者的非蔬食者卻有越來越多之趨勢。剛成為蔬食者的初期，面對至親好友，難免有人感到溝通不易慘烈失敗，但也有人甘之如飴處變不驚。其實，大部分人在成為蔬食者之前是非蔬食者的過來人。我相信，只要雙方有情有心，願意溝通，就有法可解，因為這份情感基礎才更彌足珍貴。對於希望突破蔬食者/非蔬食者溝通不順暢的朋友們，您需要一本更為系統及細緻的改善方法指南，我由衷地推薦本書。

　　最後要感謝作者梅樂妮・喬伊博士、譯者家珮，以及原水出版社，因為您們的付出，華文世界才有這本中文書的面世。非常期待這本書的出現，能帶給更多蔬食者與非蔬食者的和平相處與理解包容，為蔬食者/非蔬食者帶來更幸福的未來。

蔬食者與非蔬食者溝通的明燈

文／黃添明
大愛電視主持人

　　愛，「心」與「受」的結合。無論是愛人或被愛，都需要用心感受與良好溝通，才能獲得真正的幸福。

　　在我主持上百場的婚宴裡，新娘小禎與家人的「幸福溝通」，令我印象深刻與無比讚歎。小禎的爸爸與兄弟經營海產餐廳多年，若女兒要結婚宴客，自家的餐廳當然是第一首選。疼愛女兒的爸爸一直如此憧憬著，一定要讓寶貝女兒風風光光嫁出去。

　　殊不知小禎心中另有藍圖，因為她茹素後發現蔬食的美好，她希望能舉辦全蔬食喜宴，邀請賓客一起顛覆味蕾，品嚐無肉飲食的營養美味。但爸爸覺得，「宴客就是要請山珍海味才是待客之道，大魚大蝦，客人才吃得飽，才不會枉費家裡開海鮮餐廳啊！」男友的爸爸則認為，「不是每一個來的賓客都是茹素，怕對客人失禮。」

　　有智慧的小禎在徵得男友也同意舉辦全蔬食喜宴後，開始與雙方家長進一步溝通，他們誠懇地告訴父母，現在素食也可以做得很美味

很精緻，不再像過往給人全是素料的刻板印象，賓客可以吃得很健康的。而且他們不想讓任何的生命，因為他們結婚宴客來犧牲，一桌不只一隻雞一隻鴨一條魚……，辦那麼多桌下來，那些「生命債」，他們承擔得起嗎？「將心比心，爸媽這麼愛我們，難道那些生靈不愛自己的骨肉嗎？」

結果，那場婚宴賓主盡歡，皆大歡喜。親臨祝福的賓客比預期中還多，許多人都稱讚從沒吃過這麼棒的蔬食饗宴。小禎的叔叔親自下廚功不可沒，而所有賓客共同成就一樁美事，沒有任何生命因為他們犧牲，功德無量！

「家和萬事興」，「地球一家親」，其實，我們人類與同住這美麗星球的萬物生靈都是「一家人」，當我們願意「拉長情，擴大愛」，「普愛眾生靈」時，世界將變得更祥和美好！誠如書中所言，「素食者並非看到了不同的事物，而是他們看事物的角度不再相同了」，當我們努力邀約更多盟友加入茹素的行列時，有效的「幸福溝通」勢在必行，「使我們能夠理解他人，也能被他人所理解」。

不過，並不是每一個人都如小禎那樣幸運，所以《餐桌上的幸福溝通課》這本書更顯重要，它如暗夜中的明燈，指引讀者如何練習感恩與傾聽，學習有效溝通的實用技巧，明白預防和消除衝突的祕訣。

祝福我們都越來越幸福！因為我們愛自己，愛家人，也愛萬物生靈。

溫和堅持，一起走在正確的道路上

文／廖惠如
熱浪島南洋蔬食茶堂創辦人

　　全世界都吃素，世界將會變得如何？我有一個理想，讓全球77億人口做同一件事，人們不再受飢荒之苦，用心體會美麗生命，動物們得到自由快樂，牧場還給草原森林，地球溫度停止攀升，重拾最美好的樣子。我理想中的那件事就是——全世界77億人都開始過「蔬式生活」。

　　小時候家裡並不寬裕，高麗菜、荷包蛋就是一餐，吃肉是件很奢侈的事，只有在逢年過節的日子，家裡的餐桌上才會出現燒酒雞，一年除夕，媽媽要我幫忙殺雞做菜，綁雞時被啄得滿手傷，雞一掙扎我便鬆了手，那一刻起我才明白，我們為了滿足口腹之慾，卻需要剝奪他的生命，所以我不再吃肉，那年我13歲。

　　決定不難，難的是堅持，一開始我的家人們並不支持，總是有意無意地將肉夾進我的碗裡，這場素食革命，沒有激烈抗爭，只有溫和地堅守底線。長大搬離家後，有天回家吃飯，媽媽主動說：「我煮了

你愛的素羹湯，等你回來吃飯！」

　　我認為對的事，並沒有理直氣壯，而是理直氣和。相呼應著作者的內文，讓我們學習溫柔的潛移默化身邊的人，一同走在正確的道路上。

引導蔬食者與肉食者
展開良性溝通之指南

文／劉湘琪
中華全人健康促進協會前理事長

　　幾乎所有倡議「素食主義」的書籍，都是圍繞著：人類健康、環境保護、動物生存權這三個核心議題進行闡述。本書作者梅樂妮博士為心理學/社會學教授，除以上三個議題，更從心理學、社會學的角度深入探討「素食主義」和「肉食主義」，為我們開拓了更寬廣的視野，讓大眾更全面、更清晰的看到，心理因素和社會文化乃是建構飲食行為的關鍵。

　　人類開始大量吃肉始於工業化養殖業興起，至今也不過短短數十年，但「肉食文化」已迅速與社會結構緊密結合躍升為主流飲食型態；而數千年來以蔬食為主的飲食反淪為「非主流」，全蔬食者變成極少數，並且常被肉食主義者貼上「怪異」、「偏執」、「敏感」、「極端」、「婦人之仁」、「麻煩製造者」等負面標籤。

　　有些從人道主義和環境保護出發的素食者，則是站在道德的制高點上對肉食者進行批判、指責而造成對立；從健康角度去關心親友的

則往往因操之過急、手段過於激進而發生衝突。一旦發生對立與衝突，人與人之間的關係勢必會產生負面影響；這種情形若是發生在家人之間，當然就可能破壞彼此的感情、降低幸福感。

梅樂妮博士指出，產生衝突的真正原因並非飲食差異，而是缺乏溝通的能力與技巧。本書名為《餐桌上的幸福溝通課》，實際上也是引導所有蔬食者與肉食者以尊重、接納、包容、同理的態度，展開良性溝通、對話的指南。

本書將啟發包括我在內的蔬食者，以更大的耐心傳達蔬食之益。更期待肉食主義者在梅樂妮博士的引領下，理性反思所選擇的食物：

- 是否會給自己帶來疾病？
- 是否會破壞地球生態環境？
- 是否會讓動物受苦、受虐？

當我們願意放下防衛盔甲，移除阻礙我們理性思考與情感覺知的障礙，就不會把自己的口慾享樂建立在傷害其他生命之上，不會把吃動物的行為合理化；當我們不再否認所有動物都是有感情、有意識、有靈性的生命；不再漠視這些被當作食物的生命個體受苦、受虐、被殺戮的殘暴真象，我們就不會抗拒改變長久以來的飲食習慣。

我們餐盤裡的食物決定了自己的生命品質、以及生存環境的良莠，並攸關無數生靈的福祉。當我們選擇仁慈、富同情心的植物性飲食，其實也就同時選擇了健康、平安、祥和與幸福！

與生命重修舊好的永續蔬食指南

文／鄭僾翰
台中市蔬食台灣促進會共同創辦人
台灣動物平權促進會常務理事
台灣生態學會常務監事
21天蔬食趣團隊課程顧問

身為蔬食者，與親友間的關係漸行漸遠嗎？作為蔬食者的親友，覺得被冒犯嗎？雙方都覺得不甚公平又有點惋惜回不到過去嗎？強力推薦《餐桌上的幸福土通課》帶領大家看見蔬食者與非蔬食者眾多意在言外的心聲，學習智慧溫暖的互動之道！

閱讀著本書開場所述的場景：家族節日火雞聚餐後，被嘲諷而沮喪疲憊的蔬食主義者妻子，與自覺已努力支持妻子卻動輒得咎的丈夫，個別來看都是和善之人，卻在價值取向和生活方式之間的鴻溝或縫隙中，積累無法同理連結甚至需小心防備隱忍的壓力。接下來的小標題「蔬食主義的隱藏成本：關係破裂」映入眼簾時，當下我就非常感謝這本書的誕生。

梅樂妮‧喬伊情境式的書寫與引導反思體察心理狀態的細膩，不僅讓蔬食者讀來篇篇皆是知音，也讓非蔬食者體會作為盟友對蔬食者

的重大意義。特別是引導蔬食者如何更清晰自信地學習辨識訊息和需求、理解及彌和分歧、培養個人和關係中的韌性、適時將討論與倡議分開、有效的衝突管理，書中更提供了諸多溝通示範，包括蔬食者如何提出請對方成為盟友的要求，可謂句句受用。

身為多年的深層生態學的環保團體成員、動物平權團體的成員、大學講師、純素者、推展素食主義的培力者，我看到的世界如同作者喬伊在《盲目的肉食主義：我們愛狗卻吃豬、穿牛皮？》一書所言，蔬食者被認定的刻板印象「不是嬉皮就是飲食失調、對他人造成不便、對人類有敵意……，費力尋找素食還要賣力解釋為何吃素」；但無論受到何種質疑和檢驗，我們仍需與世界對話、溝通，讓蔬食的核心價值、事實真相與美好生活能呈現出來。當我看到向來默默清苦素食的年長學員，能夠開始接納自己對自己好，開始學習烹煮營養美味又賣相絕佳的純素料理，拍照分享家人，不但引來家人主動嘗試蔬食，也壯大自己年菜蔬食滿桌的自信，這樣的轉變也印證了本書為蔬食者自我療傷、為改變的親友提供支持的正向例證。

《餐桌上的幸福溝通課》精闢傳神地描繪出蔬食者、蔬食者的非蔬食親友、對蔬食友善者、和肉食主義者等人的心理圖像與感受層次，引導蔬食者如何健康且自豪又謙遜地享有自己的蔬食生活，也在疏離與創傷中重新建立與非蔬食者的連結和安全感。有別於以科學數據和健康利益來進行遊說的蔬食推廣書籍，本書返回每個人的處境和本心，可謂是蔬食者與生命重修舊好的永續蔬食指南，值得大家珍藏且細細品讀！

從心溝通，以愛連結

文／留漪

「為何我愛的人們，他們都是那麼地善良又有愛心，但卻在被告知動物處境後，依然還是繼續吃動物？這個世界到底怎麼了！」這是我在剛轉蔬食後，在人際關係上遇到最恐怖的心理障礙。我的世界徹底崩塌了，周遭的人們仍舊是如此地熟悉，卻又形同陌生人。

當時我做了許多「激進」的事情，包括道德批判和拼命分享「真相」，想「搖醒」這些善良有愛，只是還不知道自己在做什麼的人們！可惜事與願違，我不僅帶給自己痛苦，也帶給別人痛苦。內心相當難受，不知如何面對和處理這份糾結，只能繼續忍受被視為「異類」、「難搞」，內心淌血還得表面微笑的人格分裂的日子，以免破壞關係的和諧。

2018年時，有幸能協辦並參與本書作者梅樂妮‧喬伊（Melanie Joy）和在下另一本譯作《打造全蔬食世界》的作者托比亞斯‧李納特（Tobias Leenaert）來台舉辦的「CEVA國際蔬活系列活動」。當時最令我震驚的課程之一，就是梅樂妮‧喬伊博士所帶來的「有效溝

通」。精彩又實用的內容，讓因飲食習慣與周遭人不同而困擾許久的我，感到相見恨晚而不禁流下了兩行淚水……自己過去曾獨自經歷的那些心理創傷，原來有機會被看見、能有方法處理、可以被家人朋友理解、甚至能邀請他們成為支持自己的力量！

梅樂妮・喬伊帶著我們一步步從了解彼此的內心小劇場，理解到差異並非是造成關係破壞的主因，剖析影響關係連結的重要因素，並提供轉化和創造改變的實用工具。雖然談的是蔬食和非蔬食價值觀，但生活中的其他方方面面又何嘗不是如此呢？政黨傾向、宗教信仰、性向……在各式各樣的光譜上，每個人都是獨一無二的個體，也都盼望能得到他人（尤其是心愛之人）的理解和接納。透過飲食差異的課題，正是我們能夠認識差異，學習如何和自己具有不同價值觀的人們進行有效溝通，增進正向關係連結的機會，為自己和他人都帶來和諧喜悅的氣氛。

這本書具有相當的專業程度，非心理本科也非心理師的我，在翻譯的過程中相當誠惶誠恐，深怕不慎扭曲或是漏掉了作者想傳達的任何珍貴精髓。在此要特別感謝好友懿馨和芙瑋心理師在當地文化和專業方面的熱心協助，以及原水出版社的信任。更要感謝願意蔬食的各位好友，不管是哪種蔬食者，或偶爾蔬食，都謝謝你願意為自己、動物、這個地球盡一份愛心。

家族治療大師維琴尼亞・薩提爾（Virginia Satir）：

「問題本身不是問題；如何應對才是問題。」

真正的溝通不是解決問題，而是與人連結。

最後與大家分享薩提爾女士的詩，它深深勾出了我內心無法言喻的感動，希望這首詩也能帶給你力量。祝福各位在探索之路上，也能慢慢覺知並擁抱真實的自己。

〔**當我的內心足夠強大**〕／維琴尼亞‧薩提爾

當我的內心足夠強大
你指責我　我感受到你的受傷
你討好我　我看到你需要認可
你超理智　我體會你的脆弱和害怕
你打岔　我懂得你如此渴望被看到

當我內心足夠強大
我不再防衛
所有力量　在我們之間自由流動
委屈，沮喪，內疚，悲傷，憤怒，痛苦
當他們自由流淌
我在悲傷裡感到溫暖
在憤怒裡發現力量
在痛苦裡看到希望

當我內心足夠強大
我不再攻擊
我知道　當我不再傷害自己
便沒有人可以傷害我
我放下武器　敞開心

當我的心，柔軟起來
便在愛和慈悲裡　與你明亮而溫暖地相遇

原來，讓內心強大
我只需要 看到自己
接納我還不能做的　欣賞我已經做到的
並且相信
走過這個歷程
終究可以活出自己，綻放自己！

如何閱讀此書

這本書是為希望改善與伴侶、朋友、家人和生活中的人們之間關係和溝通品質的蔬食者和食肉者所編寫的。但是由於僅占人口一小部分的蔬食者幾乎沒有受到關注，在講述關係和自助的書籍中被提到的占比也很少，故蔬食者最有可能成為本書的讀者。因此，本書的大部分內容都是從蔬食者的觀點出發。然而，這並不表示其他讀者就無法從閱讀此書中受益。

若關係中的雙方都能閱讀這整本書，那就更理想了。關係模式的改變需要洞察力和努力，而當雙方都投入到這一過程中時，轉變就會更快、更容易。然而，即使只有一方決定改變連結方式，這種關係的互動也常常會產生變化。無法閱讀整本書的食肉者可以依重要性順序閱讀**第 5 章**和**第 2 章**。

在**第 2 章**中，我們討論了具有韌性的關係的原則，適用於所有關係，無論個體之間有怎樣的差異。**第 3 章**探討了差異的本質，以及在分歧的信念體系下，如何保持連結和尊重。在**第 4 章**中，我們檢視塑造人際間互動的系統，這些系統可能會使我們陷入不良的連結模式。了解這些系統在生活中是如何運作之後，在**第 5 章**中，我們將注意力轉移到特定的「病菌」或「入侵者」，其甚至可能會削弱最堅韌的人際關係——食用動物的心理以及這種心理對吃和不吃動物產品的人們的影響。在**第 6 章**中，我們將更深入地探討食用動物的心理對蔬食者的影響，並討論曾目睹動物受苦的人們往往會經歷的心理

創傷。我們探討這種創傷如何影響蔬食者對於自己以及他們身邊的人的看法。在最後三章中，我們著眼於轉變的工具：在**第 7 章**中學習理解和管理衝突，在**第 8 章**中探討有效溝通的策略，在**第 9 章**中談論如何創造改變。

本書中所有概念都是為想要改善關係和溝通的人們提供直接、可行的建議。透過了解如何建立具備韌性關係的原則和實踐以及如何應對處於蔬食／非蔬食者關係的特殊挑戰，蔬食者和食肉者皆可建立安全、具有連結性和令人滿意的關係，這些是我們都想要和應得的。

關於術語的說明

在了解現代語言的局限性之後，我選擇使用「**蔬食者**」一詞來指代純素／蔬食者和奶蛋蔬／素食者，使用「**非蔬食者**」一詞來指代奶蛋蔬／素食者和食肉者。

奶蛋蔬／素食者的角色可以跨這兩種類別，因為以本書來說，最重要的是特定蔬食者在關係中認定或體驗自己的方式。例如，一位奶蛋蔬／素食者在與食肉者的關係中，可能會更接近於純素／蔬食者的角度；而與純素／蔬食者在一段關係中的奶蛋蔬／素食者，可能會較貼近非蔬食者的觀點。當必要時，在某些段落我會使用「食肉者」一詞來描述既非蔬食者也不是奶蛋蔬／素食者的人。

Chapter 1

問題與承諾
在關係中的蔬食者和非蔬食者

　　從各方面來看，這都是令人羨慕的盛宴。桌子上擺放著燦爛的節日用品——金銀餐具，閃閃發光的瓷器，由冬季樹枝和漿果製做的花圈——上面還撒滿了亮片。賓客熙熙攘攘，烤箱也一直在超時運作中，空氣中瀰漫著濃郁的氣味，屋內於是變得暖烘烘的。笑聲和銀製刀叉碰撞瓷器餐具的叮噹聲填補了寧靜，就像溫暖和氣味瀰漫在整個空間一樣，營造出一種舒適、安穩的氛圍。

　　但是瑪麗亞卻一點都不覺得安穩。她胸口有著熟悉的緊繃感，就像被一把鉗子夾住心臟般的恐懼感。直到兩年前，她都期待著這些家庭聚會和舒適的安全感和連結感。她曾熱愛與家人談天說笑，喜愛父母準備的家常菜和見到她的小侄女和侄子。她也喜歡看到結縭將近十

年的丈夫雅各與所有人都相處得很好。但是，現在一切都變了。

瑪麗亞獨自一人坐在餐桌旁。家人的談話一波波朝她襲來，如波浪沖向岸邊般的背景噪音。與媽媽在廚房裡短暫交流後，她開始不再參與對話。瑪麗亞詢問是否可以用人造奶油代替馬鈴薯泥中的奶油，以便身為蔬食者的她得以食用。而她的母親則反駁她將信念強加於所有來此享用傳統美食的人身上，這樣對大家不公平。

然後，在晚餐時，有關食物的日常討論開始了——討論煮火雞的最佳方法，哪一部分最嫩，餡料中的香腸是來自於當地一家新的肉店，專門販售有機的人道肉品。「所以這意味著瑪麗亞可以吃了，對吧？」她弟弟（家中的耍寶人物）插話。聽到她的名字時，瑪麗亞的耳朵豎了起來。「對吧，姐？我的意思是，如果豬很高興被變成香腸，那麼吃牠就很合理了。這就是豬想要的——如果我嘗起來味道這麼好，我肯定會希望被人吃掉！」那時，每個人都大笑起來，包括雅各，他一直是家裡人那些粗俗爛笑話的忠實粉絲。

瑪麗亞的恐懼轉變成了憤怒。整個晚上，她一直努力不去回想那些她曾看過的動物屠殺影片，用盡全力地阻止這些圖像浮現。當她看著桌上的火雞、餡料和奶油馬鈴薯時，她無法再像以前那樣，將這些東西視為食物了。相反地，她看到了屍體、分泌物和痛苦。她看到了如果用狗和貓製成食物，她的家人將會目睹的那一幕。她看到那些曾經與她最親密、相處起來最安心的人們，把這些來自折磨的產品放進他們的嘴裡，好像什麼問題都沒有一樣，並用「她才是瘋子」的態度對待她。最重要的是，他們知道她是蔬食者，對這些食物感到不安和

厭惡，但他們仍然聊著關於這些食物的話題，好像她根本不在現場似的。更糟糕的是，他們還嘲弄她，用那些打擊和譏諷她最深切信念的言論來嘲笑她。

但是她一如既往地隱忍著。她不知道該怎麼說，才不會讓她看起來「歇斯底里」，或是像個「極端主義者」，這就是她的家人對她的看法。如果她說這些笑話不好笑，就會有人說她沒有幽默感，她需要放輕鬆。如果她強迫自己和其他人一起開懷大笑，那她就背叛了自己的價值觀，強化了支持吃動物的態度。瑪麗亞覺得被奚落而沒有機會為自己挺身而出，她感到被羞辱。

最重要的是，瑪麗亞不想做任何讓動物失望的事情。身為代表牠們的大使，作為餐桌上的蔬食者，她感到有責任保持自己的正面形象，以免減少其他人也許某天會考慮轉蔬食的機會。她也不想強化蔬食者的負面刻板印象，如「過度情緒化」或「激進」。因此，儘管她內心很鬱悶，但還是隱藏了自己的被侮辱感。她坐在無助的寂靜中，抵禦沮喪、困惑和絕望的眼淚，迫使自己接受當談到蔬食主義的時候，她的家人就是這樣，這個世界就是如此。她退避到自己的內心深處，與周圍的人斷開了連結。

但是，儘管瑪麗亞對自己已經失去與家人的連結一事已經放棄掙扎了，但她就是無法容忍與雅各疏離的感覺。是的，雅各以多種方式支持她的蔬食主義，同意維持在家中只使用不含動物成分的物品，並且在只有他們兩個人出去吃飯的時候不會點肉，但是他就是不明白。他容忍她的蔬食主義，就像某人可能容忍他們並不真正了解或關心的

愛好。當他參加晚宴時附和著父親，讚美肉的味道，然後和哥哥一起大笑時，她感到被生命中最重要的人背叛、拋棄和無視。

瑪麗亞發現自己（不是第一次）在懷疑雅各是否適合她。如果他們具有如此不同的價值觀，也許她將永遠無法真正感覺到與他的連結。她怎麼能尊敬一個僅僅因為喜歡肉味而吃了無辜動物的人？她怎麼能真正與一個看不見她內心深處的人在一起呢？

當他們在開車回家的路上時，瑪麗亞已經變得麻木了。她感到疲憊不堪，不知所措，無法說出為什麼感到自己被背叛，於是她一句話也沒說。雅各發現了她的冷淡，問她怎麼了。瑪麗亞冷冷地回答「沒事」，並驚訝於為何他現在才問。

現在輪到雅各感到沮喪了。他意識到瑪麗亞的退縮與吃肉有關，但他不確定是晚餐的哪一部分令她那麼不高興。好像不是她不知道桌子上會有肉，而且與以往的家庭盛宴不同，這次有很多為她準備的蔬食食物，他甚至還幫助她準備了一道純素菜，每個人都讚不絕口。所以不是因為她沒東西吃。即使他們達到共識，他可以在家以外的地方吃非純蔬食，但他大部分也都是吃純蔬食。那到底是哪裡出問題了？

雅各感到莫名的內疚，就像他做了一件糟糕的事情，總覺得不太對勁。他很熟悉這種感覺。自從瑪麗亞成為蔬食者以來，他經常在她身邊察覺到這種感受。看起來不管他多努力以適應她的新生活方式，都仍遠遠不夠。兩年前，他在早餐、午餐和晚餐時都會吃肉。現在，他幾乎不吃任何動物性食物了。但仍然，她在這個問題上始終感到不安。即便她什麼都沒說，他也可以看出她對自己沒有像她一樣成為蔬

食者而感到失望。

雅各不禁懷疑，如果瑪麗亞的敏感度不斷提高，讓她又劃出了另一條道德底線，她是否可能再也無法忍受身邊出現肉食。每當他想到她在蔬食主義的道路上又走了更遠時，她都會提出新的需求，提出她不再能忍受的新問題。首先，她停止吃肉（以及雞蛋和奶製品）。然後她拒絕烹煮動物性食品。現在，甚至不准有動物性食物被帶入家中。在這些轉變當中，雅各一直都維持良好風度。儘管有些抗拒，但他最終還是同意了瑪麗亞的要求。他想讓她開心，在某種程度上，他同意少吃動物性食物會更好。

但是現在，雅各重新意識到了自己對這些情況有可能變本加厲的恐懼。他的內心一陣緊揪，他在思考瑪麗亞的蔬食主義會走多遠──會將她帶離他多遠。她會變成他無法再與之相處的人嗎？她最終會發展出他無法再共同生活的需求或生活方式嗎？還是她最終會拋棄他，認為他對她而言不夠道德？

雅各只是希望可以回到瑪麗亞成為蔬食者之前的樣子，那時每頓飯都不必掙扎。當然，他們之間遇到了問題，但不是所有夫妻都如此嗎？他們有時會就他們現在認為是微不足道的問題（例如是要住在城市還是郊區，以及在制定計劃時應該如何安排和準備）的不同想法進行激烈的辯論。即使他們有時會說出一些傷害對方的話，但這些爭論通常很快會淡去；最終，其中一人或兩人都會厭倦爭吵，而放棄堅持自己的看法。但是，圍繞在瑪麗亞的蔬食主義和雅各仍吃肉的緊張氣氛似乎從未消失。如果有發生什麼，情況也是變得越來越糟。雅各帶

著憤怒、困惑和憂慮的情緒，瞥了一眼他的妻子，她的嘴唇緊閉，望向窗外，凝視著前方，完全不發一語。雅各不知道該怎麼辦，並且不滿瑪麗亞將自己的信念看得比他們的婚姻還要重要，於是他也放棄了。

這對夫妻並肩而坐，在沉重的寂靜下開車回家。兩人都感到被誤解、不被理解、沒有安全感和連結感。雙方都想知道，他們是否能夠在面對著雙方看似不可調和的差異之下，找到回歸彼此的路。

蔬食主義的隱藏成本：關係破裂

瑪麗亞和雅各並不孤單。對於許多蔬食者而言，決定停止食用動物是他們一生中最有賦權感的選擇之一。然而，這一決定通常要付出關係破壞的代價。成為蔬食者的隱性成本常會導致深沉的痛苦，令人沮喪和感到衝擊，因為蔬食者可能突然發現自己不得不面對對他們的新生活方式產生防備反應的家人和朋友，以為他生命中的其他人也會認同他新生活方式的核心價值觀，而非蔬食者也因原本平衡的關係被打亂而感到痛苦。

幸運的是，關係破裂並非不可避免的，也不是不可逆轉的。實際

上，成為蔬食者是加強人際連結和改善人際關係健康的機會。要應對「蔬食／非蔬食」關係中的一些挑戰，需要進行一些艱苦而有意義的任務，使自己能更增加自我意識、增加情緒上的成熟度。如果我們的人際關係太過簡單，可能就沒有動力去進行這些任務了。

瑪麗亞和雅各並沒有意識到，瑪麗亞的蔬食主義並非他們不快樂和出現距離感的原因。問題很簡單，他們像大多數人一樣，從未學習過如何建立安全、有連結感的關係的基本原理和技能，包括如何溝通彼此之間不同的信念和需求。並且除了在任何關係中，沒有堅實的基礎來應對隨之而來、不可避免的挑戰之外，瑪麗亞和雅各面臨著蔬食／非蔬食關係帶來的特殊挑戰。其中最值得注意的是，心理狀態或思維方式，導致每個人對自己和對方產生錯誤的理解。

對於瑪麗亞和雅各以及處於蔬食／非蔬食關係的所有人——無論是家人、朋友、同事還是戀人——來說，好消息是，我們是有辦法擺脫這些痛苦局面的。一旦了解如何維持健康和穩固的人際關係，並學習去察覺是何種心態操縱了自己的認知，你就可以顯著改善人際關係和生活。

人際關係免疫系統：
維持健康穩固的關係

　　健康的關係如同健康的身體：當免疫系統強健，當病菌來襲時，身體仍會運作得很好。因此，建立健康關係的原則可分為兩部分：要維持強健的關係免疫系統，並知道如何識別和對付威脅它的病菌。

增強韌性及辨識病菌

　　強大的關係免疫系統具備韌性（resilience）。韌性是承受壓力並從中恢復的能力。在關係中，韌性包含兩個主要部分：安全感和連結感（security and connection）。關係中的安全感、相互連結度越高，關係就越穩固，或越有韌性。當一段關係具有良好韌性時，它將更能抵抗人際關係的病菌或外部壓力源（入侵者），如同免疫力強的身體在接觸細菌時較不容易生病一樣。我們的身體或關係遇到強大的病菌威脅時，免疫系統會因抗爭而受損，導致虛弱或患病，我們甚至可能會喪命，人際關係也可能會終結。

　　有無數種病菌可以威脅關係的安全感和連結感，包括財務問題、

成癮和失業，而有一種關係病菌特別危險。它不僅以我們關係中的重要器官為目標，影響了我們思考和彼此連結的方式，而且由於太過普遍，也非常難被發現和治療。其症狀普遍到讓人認為這些都很正常，而不會聯想到病理層面。想像一下，如果世界上每個人都患有慢性支氣管炎，我們會假設咳嗽和疲勞只是人類的正常狀況，而無法識別和治療這種所有人都有的疾病。當某些人開始康復時，仍會因不斷地接觸其他病人，而使他們難以保持健康。

在蔬食者／非蔬食者關係中，這種病菌會入侵心理層面，是一種使我們彼此、與我們自己和世界疏離的思維方式。這種入侵者被稱為肉食主義（carnism），它是一種隱形的信念體系或意識形態，它造成了我們關於食用或不食用動物，以及對蔬食者和非蔬食者所產生的思考和感覺。肉食主義若未被發現，它將會破壞原本安全和相互連結的關係。

人際關係DNA：韌性的基礎

互動是建立關係的基礎。每當我們與人互動時，都在和對方建立連結：人際關係本質上是身在其中的人們之間一連串的往來互動，有時我們直接稱之為「人際動力」。我們幾乎一直在與人互動──與雜貨店的收銀員、搭公車時坐在身旁的女士、與我們的生命伴侶、甚至是與自己的對話；我們總是處於各式各樣的關係之中。

由於關係是一系列的互動，故每個互動都為我們提供了機會，來

彌補不安和疏離的關係（**失能**的關係），並實踐安全、具有連結的關係。換句話說，我們隨時都可以選擇去改變連結的方式，並改善關係發展的方向。

一旦我們找出破壞關係的安全感和連結感的因素，並發展出**彈性互動**的技巧，將有助於預防和迅速覺察人際關係中會出現的問題，並有效解決問題。而且，當我們越勤於練習彈性互動，就越能做得更好，而我們的關係和生活也將越有安全感，並增強雙方之間的連結。有了穩固、相互連結的基礎，我們得以用加深而非削弱彼此關係的方式來處理出現在關係中的觀念差異。

潛藏在信念之下的關係

當致力於發展關係中的彈性時，我們自然會將注意力從爭論相異之處轉移至加深雙方的連結。如此多身在關係中的人們持續陷入衝突的原因之一，是他們把注意力放在探討內容本身，而非造成爭論的過程。換句話說，他們更專注於「什麼」，例如針對不同信念或需求的主題，而非雙方是「如何」處理和交流此類差異的方式。

處於蔬食／非蔬食者關係中的許多人，最終都會在食用動物的道

德性或各自被期望做出的各種妥協上進行爭論。若未先注意到關係互動中的過程——即彼此之間連結的方式——則這種方法可能只會引起更多的問題。在每個人的信念底下，尚潛藏著相互之間的關係，而這種更深的層次——關係的層次，才是解決差異問題的關鍵。

有時，蔬食／非蔬食者的互動會發展成有害的關係，這並不是因為人們對食用或不食用動物的觀念存在差異，而是因為這種關係中存在深層的功能失調。蔬食主義可能是早已存在的其他問題的代罪羔羊，成為人們發生爭執的理由。例如，誰的生活方式更合適，這個家庭向外界呈現出什麼樣的形象，伴侶應如何排定各自個人需求的先後緩急等。

不管是對蔬食者或非蔬食者來說，照顧潛藏在信念下的關係，將可以轉化我們的經驗。照顧關係並不意味著我們會選擇維持關係而棄信念於不顧，而是意味著我們建立了有空間能容納我們信念的關係，因此即使我們有著不同的信念，仍然不會減少安全感和連結感。這表示，儘管雙方之間存在分歧，卻仍可成為盟友。

成為盟友

盟友是另一個人（或其他人）的支持者，即使彼此在某些方面有些不同。當成為他人的盟友時，我們理解並欣賞對方的世界——他們的觀點、價值觀和信念。當他人最需要我們時，我們會尊重和支持彼此，尤其是在面對逆境的時候。

發展對彼此的理解和欣賞對於解決各種差異來說至關重要。只有當各自都願意成為彼此的盟友時，雙方才有可能建立安全、相互連結的關係。

理想情況下，只有當對方的言行違反了我們的核心價值，使我們得支持一種違背自己核心價值觀或導致我們感到不安全的思維或行為方式的時候，我們才會不願意成為彼此的盟友。例如，白人至上主義團體的成員和他那反對種族主義的姊妹，就無法形成盟友關係。

盟友關係和蔬食／非蔬食者間的關係

當談到蔬食／非蔬食者之間的關係時，盟友關係是關鍵。非蔬食者成為蔬食者的盟友，這一點尤其重要，因為蔬食者如同婦女、有色人種等隸屬於非主流社會群體（少數族群）。當然，在不同非主流群體中的體驗都是獨特的：例如，有色人種的經歷在許多方面與白人蔬食者的經歷有很大的不同，有色人種相對面臨了更嚴重的偏見和歧視，但是在非主流群體的成員之間至少存在一個主要的相似點：他們都生活在自己的經驗在很大程度上被誤解、不尊重和被認為是錯誤的世界中。因此，如果蔬食／非蔬食者要維持健康和可持續的關係，非蔬食者必須成為蔬食者生命中的支持者，這在很大程度上是因為蔬食者的信念、感受和需求不受其餘普遍文化的支持。

蔬食者也可以在生活中與非蔬食者進行某種程度的結盟，即使蔬食者將食用動物視為違反蔬食價值觀，並且經常會在看見別人食用動

物時，在情緒上感到不安。儘管蔬食者不支持食用動物的行為，也不該讓自己暴露於任何會使他們感到不安的情況，但他們仍可以嘗試了解生命中的非蔬食者，以尊重該行為底下的那個人。因為吃動物（根植於肉食主義的意識形態）是一種廣泛的作法，是一種社會規範，所以與那些被普遍認為不道德的行為相比，它需要不同程度的心理距離。有了這種理解，蔬食者就可以在生活中與非蔬食者成為某種程度的盟友。

即使目標不同，盟友也會站在身旁並支持我們。例如，如果雅各是蔬食者，那麼當他的妻子被嘲諷時，他就不會笑了。相反地，他可能會牽著她的手，讓她知道她並不孤單，並與她表現出團結一致的立場，要求她的家人不要對她的價值觀開玩笑。本書旨在幫助處於蔬食／非蔬食關係的人們能夠並肩而立，而非相互對立或互相排擠。

關係韌性
打造健康關係的基礎

　　關係中的蔬食者和非蔬食者會面臨到特殊的挑戰，然而，只要關係的基礎具有韌性（resilience），就完全有可能應對這些挑戰，甚至將它們轉化為優勢。當我們的關係具有韌性時，我們就有了強大的基礎來應對可能面臨的任何困難，否則即使是小問題也可能造成關係嚴重受損。具備韌性的關係建立在安全感（security）和連結感（connection）之上。當相信對方會保護我們的時候，我們會有安全感；當感到被理解、重視和滋養時，我們會產生連結感。

　　然而不幸的是，我們大多數人會以導致關係變得不那麼安全和具有連結感的方式行事。許多「正常」的連結方式是功能失調的，會對安全和連結感造成傷害。而且因為一般來說我們不會去意識到安全感

和連結感需要不斷地被滋養和關注，導致我們常常會忽略關係中的這些重要面向。

在蔬食／非蔬食者關係中，安全和連結感似乎特別難以培養。雙方可能會自然而然地感到疏遠，因為他們認為必須隱藏自己的一部分，才能免於被誤解和批判。當暴露於會引發他們再清楚不過的動物受苦遭遇的態度和行為時，蔬食者會感到更加不安。蔬食者也可能擔心自己無法尊重那些具有與核心蔬食價值觀背道而馳的想法和行為的人們，而尊重對於感受到連結感來說卻至關重要。

本章我們將討論如何在人際關係中創造更多安全感和連結感的原則和行動。所有的原則和行動都指向同一個方向：走向真誠一致。

真誠一致：
指引安全感和連結感的北極星

真誠一致（Integrity）是指引安全感和連結感的北極星，是建立彈性關係的原則中，最主要的指導原則。從本質上講，當相信對方會對我們誠實時，我們就會在關係中感到安全和連結。

將價值觀付諸實踐

　　真誠一致包含了我們的道德價值觀與行為，代表著言行一致。例如，如果我們重視公平正義，那麼當我們以自己希望被對待的方式去對待他人時，就是真誠一致的表現。相反地，如果我們以不公的方式對待他人，就是違反了真誠一致。因此，真誠一致不僅僅是我們所持有的價值觀，而是我們要去落實的言行。真誠一致是一種實踐，也是指導我們行為的路線圖，引導我們擁有更多的安全感和連結感。

　　指引真誠一致的關係（和生活）的道德價值觀是慈心、好奇、正義、誠實和勇氣。**慈心**（Compassion）是擁有一顆開放的心，真正關心他人和自己的福祉，並依據這個關心採取相應的行動。**好奇**（Curiosity）是一種開放的心態，真誠地尋求理解。**正義**（Justice）就是用自己希望被對待的方式去對待他人──反之亦然，對於那些對待他人總是比對自己好的人來說，更是如此。（譯註：意指對自己要公平，對別人好，也要如此善待自己。）**誠實**（Honesty）不僅僅是說出實話，而是要看到真相。誠實是不否認或迴避重要的事實，即使要面對它們將會帶來許多痛苦。**勇氣**（Courage）是願意面對。例如，即使內心會感到害怕，仍然願意抱著誠實和好奇的態度去探索，也願意對他人和自己展現脆弱的一面。

　　實踐真誠一致總是能創造雙贏的局面。對保有我的真誠一致有益的，對你也會有益；對展現一段關係的真實樣貌有益的，對關係中的每個人也同樣有益；每個人都能表達出真實的自己，整個世界也會變

得更好。因此，在關係中做出任何決策時，可問問自己：「怎樣做最能符合我的原則，讓我能真誠地言行一致？」或「怎樣做最有助於讓這段關係更清楚透明？」

例如，想像你和你的非蔬食朋友在一家餐館，令你沮喪的是，服務人員送上了一份帶有雞肉的沙拉給你。你的朋友建議你「放輕鬆」，把雞肉挑起來就好了。當你以真誠一致行事，誠實而富有慈心地陳述你的感受和需求時，你尊重了你的朋友（你沒有對他撒謊），你尊重了自己，對自己真誠，也帶著真誠的心面對你們的關係，真實地面對彼此。

將羞愧轉化為自豪

為了更充分地理解真誠一致的價值，請試想當與你互動的人違背這個原則時，你會有何感受。比如母親因為你的蔬食主義而說你極端，或者老闆對你提出的建議翻了個白眼。現在想想當你的言行違背了真實的自己時，又會有怎樣的感受。也許在生氣時你會怒罵對方自私和無知，因為他們不是蔬食者，根本什麼都不懂。或者你對朋友撒謊，因為你不想面對坦承的後果。很有可能，在當別人沒有真誠對待你，和當你違背真實的自己時，這兩種情況下的感覺是相同的：產生羞愧感。羞愧是「自己比較差」的感覺，更具體地說，是「自己比較不值得」的感覺。這與反映我們對行為感受的內疚不同，羞愧反映了我們對自己和自己性格的感受。

當人們言行不一時會產生羞愧感，而羞愧感也會讓人不敢展現真實的自我，兩者會形成惡性循環。當感到羞愧時，我們就不太可能實踐真誠一致，而會將重點放在自我防衛，以免內心的羞愧感越來越重。例如，你最近開始與另一位蔬食者約會，對此你感到很興奮。你透露出自己越來越喜歡對方，想做出更認真的承諾，但對方表達了矛盾或不確定，希望有更多時間考慮這段關係應該發展的方向，你可能會覺得被拒絕了，而產生羞愧感；你可能會不想接聽對方的電話，或者表示你正在積極追求其他可能的戀愛對象。這些行為的目的，是為了保護你的自我價值，甚至是為了讓對方質疑他們自己的自我價值，好讓你覺得自己比對方更有價值。羞愧會讓我們感到在情緒上被淹沒了，因此會努力想抓住救命浮木而無暇顧及他人，而且在這過程中經常會把其他人也拉下去。

　　羞愧可說是人類心理功能障礙的基礎，也是我們個人生活和社會中許多（若非全部）暴力和問題行為的驅動力。價值感是人類重要的基本需求，而羞愧感對我們的心理安全和幸福感具有相當大的破壞力，以至於我們經常會盡可能地去避免它：我們可能會努力賺錢，以符合社會文化認定的美麗來打造身材和形象，或成為某些領域的成功人士。當然，做出這些行為不一定就是在填補內心的羞愧感，其關鍵決定因素是我們的動機。

　　羞愧是感到自己的核心本質有缺陷、不夠好、或者有問題。因為感到羞愧是可恥的（我們實際上會因為感到羞愧這件事而感到羞愧），所以不管是對他人甚至是自己，我們都傾向於隱藏自己的羞愧感，假裝它不存在：我們把它埋藏在無休止的工作堆中；把它包裹在

成就裡頭；不斷將對它的注意力轉移到外在事物上面。當內心出現自我懷疑並感覺自己像個冒牌貨時，我們會表現得像是我們過得不錯，甚至比別人優越。在人際關係中，我們常表現出毫不在意並隱藏真實的情感，而內心真正希望的卻是聽到對方說出他們有多愛我們。

在我們努力感覺到強大、有掌控權、美麗、成功等的背後，每個人真正想要的其實是感覺到自己夠好、自己是有價值的。我們想要感覺到，不管我們做了什麼，我們是怎樣的人才是最重要的。我們想要感到自豪。健康的自豪感並非自我膨脹，而是感受到自我價值。自豪的反面是羞愧。感到自豪是個人和關係健康的本質，而羞愧是個人和關係崩壞的基礎。

健康的自豪不應與自我膨脹混淆。健康的自豪是指感覺到完全的自我價值，自己和他人都有同樣的價值。而自我膨脹是一種認為自己比別人更好，或更有價值的感覺。羞愧會讓人感到自卑，而自我膨脹會讓人感到優越。而這兩種態度都是假象，因為每個人的價值，並沒有高下等級之分。

自我膨脹往往是為了掩飾自卑。例如有個男孩在操場上跌倒了，因擦傷了膝蓋而哭泣時，卻被旁人戲弄（讓他感到被羞辱）。他挺起胸膛站起來，心中氣憤：「敢笑我？一定要給你們點顏色瞧瞧！」於是把嘲笑他的孩子們揍了一頓。這時，被羞辱的人轉而去羞辱他人。遺憾的是，這種惡性循環正是出現在許多人際關係中的特徵。

自我膨脹的反面是謙遜。當我們既自豪又謙遜時，我們就會肯定自己、並欣賞他人的價值。我們會認可世上每個人的內在價值。真誠

一致的關係會將羞愧轉化為自豪。在真誠一致的基礎上，建立具有安全感、連結感的關係能避免對方感到羞愧，也能療癒羞愧；而缺乏安全感和連結感的關係則會讓彼此不斷感到羞愧。

安全感的力量

　　安全感是建立有韌性的關係的基礎。雖然光靠安全感並不能讓我們感到滿足並與他人建立連結，但一旦缺乏了安全感，其他事情都變得無關緊要了。當有了安全感，幾乎所有問題都可以解決。根據最新的神經心理學研究，人類天生就需要主要的依附對象來維護情感上的安全感，對成年人來說，這個對象通常是我們的戀人伴侶。[1]

　　當我們相信對方真正是為自己著想，願意也能夠優先考量我們的安全感時，我們就會在關係中感到安心。此外，對方也會小心避免做

1　參考Amir Levine and Rachel Heller, Attached: The New Science of Adult Attachment and How It Can Help You Find-and Keep-Love（New York: Jeremy P. Tarcher / Penguin, 2010），中文譯本為《依附：辨識出自己的依附風格，了解自己需要的是什麼，與他人建立更美好的關係》；以及 Stan Tatkin, Wired for Love: How Understanding Your Partner's Brain and Attachment Style Can Help You Defuse Conflict and Build a Secure Relationship（Oakland, CA: New Harbinger, 2011），中文譯本《大腦依戀障礙：為何我們總是用錯的方法，愛著對的人？》。

出會傷害我們情感，不會讓我們的身體受傷，不會違背我們信任的行為。我們都需要知道，關係中的另一人是否會支持我們，是否真誠地希望讓我們感到安全可靠，也重視我們的幸福。簡而言之，我們需要感覺到對方以誠相待。

不管是哪種關係，安全感都很重要，特別是在某些容易讓人脆弱的關係中尤其重要，例如親密朋友、家人與戀人伴侶。在這些關係中，我們也可能最難以保護到彼此的安全感。當處於脆弱狀態時，我們更有可能為了自我保護而採取防衛姿態；也更有可能將對方在我們生活中的存在視為理所當然，認定他們對我們的感情深厚，一定會永遠在自己身邊。但當我們未能守護彼此的安全，就會損害信任並削弱關係中的安全感。正如甘地的智慧之語：「手段如此，結果亦如此。」我們與對方之間產生連結的方式，將決定彼此之間最終的關係類型。

當有人選擇與我們進入一段關係，這是一份神聖的禮物，尤其是需要相當高度的坦誠不設防，會碰觸到最脆弱的內心的伴侶關係。我們生活在一個充斥著濫用權力、苦海茫茫、競爭激烈和成癮氾濫的世界；一個愛慕虛榮和自私自利在很大程度上受到推崇和獎勵的世界。許多人都有過安全感未受呵護的經驗，並且一生中都帶著這些來自關係的創傷。在這樣的世界中選擇進入脆弱，並選擇面對而非逃避，是需要勇氣的。能被對方信任且願意在自己面前展現脆弱，是種美好和榮譽，我們至少可以為尊重這份禮物而承諾保護他們的安全感。

致力於維護他人的安全感

當我們與對方同意進入一段關係時，承諾優先考量對方的安全感，也是雙方協議的一部分。這種承諾通常沒那麼明確，卻是雙方都有的期望。如果認為對方不願意維護我們的安全感，我們也不太可能與他建立關係。

因此，在關係中致力於維護對方的安全感，是沒辦法討價還價的。這是我們進入（或留在）對方生命中的入場券。經營一段關係需要付出努力，每天都須致力於為它的成長茁壯創造必要的安全感。期待在不付出這些努力的情況下維持關係，就像期待在關係中享有特權、對他人予取予求一般。當被要求照顧關係，做必要的基本努力來創造安全感時，許多人會抗拒和抱怨。但是，當我們認識到安全感的重要性並了解到具有安全感的關係不會憑空發生時，我們就能夠努力做出各種嘗試，幫助建立令人滿意的關係，以面對未來各種不可避免的挑戰。

在本書概述的所有實踐方法中，致力於維護彼此的安全感是最重要的，而明確地說出這項承諾，對關係的經營而言是會有幫助的。大聲說出你渴望努力維護對雙方的安全感，尤其是在衝突發生，當雙方的脆弱度和自我防衛都升高的時刻。舉例來說，如果你和你的非蔬食伴侶對於是否要求你的家人在你舉辦的晚餐聚會中只帶純蔬食品這件事上並未達成共識，你可以告訴對方，你的目標是找到一個讓雙方都能安心的解決方案，並且將繼續探索各種選擇，直到能夠實現這一目

標。當我們都真正相信對方將我們的安全感視為第一優先時，就不用擔心會有什麼太具威脅性而無法討論的問題了。

安全感和關係支持者

在關係中保持安心的一種方法是確保我們傾吐關係狀況的人們是**關係支持者**（relationship supporters）。關係支持者是關係之外的第三方，他會維護關係的真誠一致，會以尊重雙方以及關係本身的方式與你進行交流。

關係支持者不會偏袒任何一方，因為他們清楚關係並不是一場誰贏誰輸的戰鬥。例如，即使關係支持者認為你伴侶的行為是不可接受的並且完全支持你的立場，他們仍會以一種，即使你的伴侶也在現場傾聽談話時也會感到舒服的方式，與你進行溝通。他們會帶著尊重地討論你的關係和你的伴侶。

例如，假設你告訴一位支持者朋友，你的伴侶在最近的一次聚會上對蔬食主義發表了負面評論。與其說：「他真是個混蛋！我受不了說這種話的人！」他們可能會說、「這個評論聽起來不太尊重人。我能理解你為何會那麼受傷和憤怒。」這樣的回應表達了他理解你的擔憂，卻不會論斷或批評你的伴侶是「壞蛋」。

連結感的力量

　　當其他人說和做了讓我們感到被肯定的事情、讓我們感到自我價值以及重要性時，我們與對方之間會產生連結感，或心理學家有時所稱的「情感聯繫」。連結感不是一種非黑即白的現象：並不是我們有連結或沒連結。更適合的說法是，連結感（如安全性）存在程度上的不同：我們可能感到較多或較少的連結感。我們只需感到彼此之間有足夠的連結感（和安全感），即可在具有韌性的關係中感到自在。

　　當感到連結時，我們就會相互協調並回應彼此的情感體驗。我們會感到被看見和珍視，並且知道我們可以在需要時依靠對方，尤其是在那些脆弱的時刻。例如，即使你對你伴侶的兄弟（在牛排館做廚師）感到不舒服，假使你的伴侶因為和他兄弟起了衝突而心煩意亂，你會詢問他發生什麼事了，並開放地傾聽他的說明（只要這個說明有尊重到你的需求，例如不包含有關烹飪動物的描述），並在你能力所及的範圍下提供支持。那你的伴侶就會知道自己有被重視，他可以指望在他需要你的時候，你會陪伴在他身邊。

讓連結保持活躍

　　許多不錯的關係之所以結束，並非源於某一件大事的發生，而是許多不易察覺的小事的累積，使人們漸漸失去連結。即使是單一事件導致了關係破裂，也有可能是雙方的關係早已被慢慢侵蝕，而無法承受住最後一擊的壓力。大多數關係的結束並非突然發生，而是來自千百次的小小傷害，一連串的失去連結慢慢地侵蝕著我們──無數的小失落、被遺忘的承諾、對方伸手呼救時能把握的機會、長久以來未能做到的真正傾聽。

　　心理學家和關係專家蘇·強森（Sue Johnson）博士和她的同事的研究指出，當我們無法信任對方會明白自己的感受和需求，因而不能指望他們在壓力出現的當下能夠提供情感上的回應時，關係就會結束。[2]強森的研究顯示，大多數的爭吵實際上是對失去連結的反應和重新連結的嘗試。在爭論的話語底下往往藏著這些問題：「我可以依靠你嗎？你會回應我嗎？我對你來說重要嗎？和你在一起，我能得到安全感嗎？」

　　要與他人建立情感連結，尤其是在親密關係中，我們必須具有勇氣去允許和面對脆弱，以展現真我（我們真實的想法和感受），並願意傾聽對方的真實想法和感受。我們大多數人，尤其是男性，從小被教育成認為脆弱就是軟弱、有缺陷的象徵。最重要的是，大多數人一

2　Sue Johnson, Hold Me Tight: Seven Conversations for a Lifetime of Love（New York: Little, Brown, 2008），中文譯本《抱緊我：扭轉夫妻關係的七種對話》。

生不斷地經歷著自己的脆弱並未得到尊重或呵護，所以已經很自然地學會將脆弱與「被傷害」聯繫在一起，有時甚至是很嚴重的傷害。

遺憾的是，為避免脆弱而做出的防衛反應，會給我們帶來很多麻煩，因為這種方式基本上是不利於關係的。允許自己可以有更多的脆弱，僅需轉變態度，認知到脆弱其實是一股力量，也是建立安全、相互連結的關係的必要成分。[3]

錯覺式連結

有時候，我們會感受到與他人的強烈牽絆，而產生了深層連結的錯覺，儘管事實並非如此。如果我們意識到這些錯覺，就比較不會成為這種感受的俘虜。

有一種錯覺式的連結是社會科學家所說的**迷戀**（limerence），一種我們大多數人稱之為「墜入愛河」的狀態。[4]

當處於迷戀的狀態時，我們會感到與他人的緊密牽絆。這種牽絆感是我們大腦因應這個新的關係所觸發的化學物質造成的結果，它會使我們不加思索地相信對方，因為我們誤將它認為是比實際上更深層

3　推薦閱讀布芮尼·布朗的著作《脆弱的力量》（Daring Greatly: How the Courage to Be Vulnerable Transforms the Way We Live, Love, Parent, and Lead, Brené Brown）。也可搜尋布朗的TED演講：脆弱的力量（The Power of Vulnerability，有中文字幕）

4　推薦參考Dorothy Tennov, Love and Limerence: The Experience of Being in Love （Lanham, MD: Rowman and Littlefield, 1998）一書。

的情感連結。（深層情感連結的增長得靠時間培養，且彼此都需真誠和富有慈心）迷戀通常會在18個月到3年後逐漸消退，這對個人和關係來說，是種健康且能夠適應的現象。

另一個類似的錯覺式連結為**關係成癮**（relationship addiction），這是一種對某個人或關係上癮的狀態。關係成癮可能由多種因素造成，主要是在互動中有一方被動地接受不被尊重的對待，例如當我們處在「追與逃」或者情感虐待的關係狀態時。[5]在這種情況下，許多人對他們感受到的強烈依戀的理解並不準確。他們可能相信自己與對方有特殊的連結，也許是靈性的連結，並且認定這種強烈的依戀感是兩人注定要在一起的訊號。因此，他們可能會忽略或縮小關係中有害的成分，並替對方的控制行為（或是其他問題）編造出正當的理由。當愛上另一個人的未來可能性，即愛上一個（我們相信）他未來能成為怎樣的人，或可能有何種特質的人，而非真實的對方時，經常會導致我們陷入關係成癮。

5　虐待關係超出了本書的範圍。但若你懷疑自己處於受到操縱、控制或以其他方式虐待的伴侶關係中，或者只是想了解更多訊息，請參閱貝芙莉・英格爾（Beverly Engel）的《情緒虐待關係：如何停止被虐待和如何停止虐待（The Emotionally Abusive Relationship: How to Stop Being Abused and How to Stop Abusing）》（New York: Berkley / Penguin, 2002）與朗迪・班克羅夫特（Lundy Bancroft）《他為什麼這麼做？：為什麼他上一秒說愛，下一秒揮拳？親密關係暴力的心理動機、徵兆和自救（Why Does He Do That? Inside the Minds of Angry and Controlling Men）》

同理心：建立連結的基石

同理心是建立連結的基石。當透過他人的視角看世界時，我們會感同身受，不僅見到他們所見，並且會盡最大的努力去體會他們的感覺。當無法同理對方時，即使並非有意如此，我們更可能會說出或做出具有傷害性的話語或舉動，並且會在自我防衛中導致與對方的連結斷裂。

大多數人並未具備足夠的同理心，尤其是當關係緊張時。而我們僅需要隨時確認自己能正常發揮同理心，這個簡單的動作就能對關係連結創造出非常好的效果。要做到這一點，我們可以在互動時經常停下來，問問自己是否有同理對方。如果我們只是「看到他感到筋疲力盡」或「了解他的主要論點」，這並非真正的對他的經歷感同身受。在同理對方時，我們會真心誠意地嘗試想像對方眼中所看到的世界，以了解他們的經歷。

然而有時，發揮同理心並非幫助我們或他人的最佳方式，尤其是當我們處於受到控制或未被尊重的對待時。當對不尊重我們（或他人）的人過於同理時，我們可能會錯失憤怒感。憤怒是針對不公平的情緒反應，它是激勵我們為自己和他人採取行動的感受。

慈心見證

慈心見證（Compassionate witnessing）[6]是建立連結的關鍵做法。它意味著帶著同理心、關心和不加評判地關注和傾聽。當我們帶著慈心見證他人的處境時，我們的目標不是證明自己是對的、贏得爭論、甚至解決問題，而單純是為了理解對方的真實感受。

慈心見證他人的處境時，我們是在傳達以下訊息：「我看到了你：我同理你，並且關心你。」被人真正看見是份極大的禮物，絕大多數人的生活和整個文化中都非常缺乏這種幸福感。

許多人的一生中常感到自己不被看見，而為了被他人接受，我們就必須隱藏自己的一部分──在自己感到受傷、羞愧或害怕時吞下這些感受，並對他人甚至經常是連對自己，都戴上假面具生活。

成為見證者也是一份極大的禮物：當有人選擇與我們分享自己脆弱的一面，是我們的榮幸。這是對方對我們的信任，以某方面來說，沒有比這更好的讚美了。

6　參考Kaethe Weingarten, Common Shock: Witnessing Violence Every Day（New York: NAL Trade, Brown, 2004）.

慈心見證的療癒潛力

慈心見證能促進療癒，因為它代表著認可。當感到真實的自我被接受，想法和感受沒有受到評判時，我們就會感到被認可。當我們感到被認可時，將不再感到羞愧，並體認到自我價值──我們會感到自己很重要。因此，慈心見證是羞愧的解藥。每當有人認為我們的感受或經歷是「錯誤的」，我們會將這訊息解讀為：我們並不重要；每當試圖與人溝通但卻沒有得到回應時，我們會解讀為：我們無關緊要；而每當被以慈心和同理心對待時，一部分的我們會得到療癒。我們受到了親切的對待，透過對方的雙眼，我們看見了可愛的自己，尤其是當他們真心喜歡讓我們自己感到難為情的部分時。

許多與非蔬食者建立關係的蔬食者遭受著無法與對方連結的痛苦，因為他們感覺無法與最親近的人分享某些核心部分的自己。[7]因為主流文化並非推崇蔬食，在某些方面甚至是反蔬食，蔬食者經常感到被忽視、被誤解，並被迫隱藏自己不被接受的部分。蔬食者們最深刻、最重要、他們可能最熱衷且最引以為傲的某些信念和經歷仍然沒有被看見和理解。當這種被忽視（並且經常被評判）的經歷在親密關係中重複出現時，感覺就像在傷口上撒鹽一般。雖然非蔬食者在整個文化中身為主流，但在某種程度上，他們在與蔬食者的關係中可能會感到被忽視；他們可能會因害怕受到評判或引起衝突而隱藏自己。了

7　請參閱〔附錄7〕的範例，了解如何讓非蔬者看見你，也可以與非蔬食者分享〔附錄9〕的一封信，以幫助他們了解你作為蔬食者的經歷。

解和理解一個人的內心世界是基本的關係需求，每個人不僅有權利要求，也有如此對待彼此的責任。唯一的例外是當我們想被理解的需求導致對方感到不安時，這就是蔬食／非蔬食者關係的核心挑戰：有時，我們需要對方提供的，卻恰好會讓他們感到不安。學會相互理解和慈心見證是克服這一挑戰的關鍵，我們將在接下來的章節中討論幫助這個過程的方法。

慈心見證不僅可以轉化我們的關係，也能轉化我們的生活和世界，因為它不僅僅是一種人際之間交往的方式。我們可以對自己、群體以及世界進行慈心見證。當我們富有慈心地見證自己時，我們會加深與自己的連結、提升自身的完整性、並減少羞愧感。

當我們對世界進行慈心見證時，我們會同情那些受苦的人，並幫助創造一個更公正和人道的星球。想一想，幾乎所有的暴行皆源於對現實感到痛苦而無法面對的民眾，最終選擇了逃避；而每一次成功的社會變革，幾乎都是因為有一群人選擇站出來正視問題，並鼓勵其他人也一同來見證問題。

定義他人的真相：慈心見證的對立面

定義他人的真相是一種常見但有害的做法，會嚴重破壞我們關係的安全感和連結感，而慈心見證能預防此類情況。定義他人的真相意即決定他人經歷的真相：我們認為自己是了解他人想法或感受的專家，即使對方所說的並非如此。例如，也許你告訴你的非蔬食姐妹，

自從成為蔬食者後，你感覺比以往任何時候都更加健康，但她卻認為，你會這麼說只是因為你想「讓人改變信念」。或者一個非蔬食者對他的蔬食女友說他不喜歡蔬食漢堡，而她卻認為，既然他一直有在吃這些漢堡，那當然表示他喜歡。

定義他人的真相是相當不尊重對方的作法，也是造成精神傷害的基礎。定義他人的真相會使人受辱，因為它讓人感到自己的經驗不被認同，並且會侵蝕他們的自信心，因為這種做法會使他們不信任自己的想法和感受。在極端情況下，定義他人的真相即為「**煤氣燈效應**」〔譯註〕──故意讓他人不信任自己的看法，從而用自我懷疑、不安全感和羞愧感取代他們的自我控制、自信和價值感。而無論是輕微還是極端的狀況，定義他人的真相都是不尊重且有害的行為。

我們也可以定義自己和集體的真相。例如，當你告訴自己「不應該」感到沮喪，因為其他人的境況比你糟糕得多的時候，你定義了自己的真相；而當占主導地位的白人文化爭論種族歧視已不再存在時，這也是他們定義的真相，儘管有色人種對自己個人經歷的評論與這種說法相互矛盾；而人類也定義了動物的真相，例如，他們堅持認為龍蝦掙扎著從一壺滾燙的開水裡爬出來，只是表現出一種「本能反應」，而不是試圖逃避痛苦。

〔譯註〕「煤氣燈效應」又叫認知否定，實際上是一種透過「扭曲受害者眼中的真實」，而進行的心理操控和洗腦。操控者通過長期將虛假、片面或欺騙性的話語灌輸給受害者，從而使受害者開始懷疑自己，質疑自己的認知、記憶和精神狀態，最後達到控制受害者思想和行為的目的。

提出連結請求

心理學家約翰・戈特曼（John Gottman）對人際關係進行了開創性的研究，這項研究改變了我們理解人際關係的方式。[8]戈特曼認為，我們總是在為了得到人際關係中的情感連結而「提出請求」（bid），試圖引起他人的關注、喜愛、認可、肯定與對方的連結，例如詢問他們是否注意到自己的新髮型或試著牽他們的手。我們的請求是否有效，取決於兩個因素：對方如何回應請求以及我們如何表達請求。

對請求的回應

應對請求的反應有三種方式：正面回應、直接拒絕和不回應。

當我們正面回應另一個人時，就是在與他們互動，我們看見了對方，並回應他們的情感連結需求。例如，即使你的兄弟不是蔬食者，當你和他分享如果你不提供動物性食物，你的父母就不會來家裡過感

8　See John M. Gottman, The Relationship Cure: A 5 Step Guide to Strengthening Your Marriage, Family, and Friendships（New York: Harmony Books, 2001）。書名暫譯《關係治癒：加強婚姻、家庭和友誼的五步驟指南》

恩節這件事讓你有多難過時，他仍然可以正面回應你：他可以開放心胸地傾聽並分享他的反饋，而你會感受到自己有被傾聽和理解。

當我們直接拒絕對方時，我們會帶有敵意地回應他們的請求。例如，假設你的姊妹說她感到很受傷，因為你最近都在做志工，太忙了而沒有去探望她，她擔心自己不再是被你優先重視的家人了。你感到被誤解和不被理解，因而轉而拒絕了她，你猛烈抨擊，說：「我正為了讓世界變得更好而忙得團團轉。現在妳卻一定要讓我感到愧疚是嗎？妳就不能考慮一下別人嗎？」

當不回應時，我們沒有接住對方的請求——這意味著我們根本不給對方任何反饋。例如，假設你的伴侶擔心她可能在工作中面臨被降職的風險，而你認為與世界各地發生在動物身上的情況相比，你的伴侶對被降職的擔憂是微不足道的，故你沒有回應她，你沒在專心聽她講話，像往常一樣繼續忙自己的事。當錯失了連結的機會，其他人真正感受到的就是他們所觀察到的：當他們伸手提出連結需求時我們無動於衷，而他們下次再找我們傾訴的可能性也不大了。

直接拒絕和不回應都會損害關係的安全感和連結感。雖然直接拒絕顯然會帶來問題，甚至可能會造成惡言或暴力相向，但不回應可能更具破壞性，因為它通常很難或不會被發現，進而錯失被處理的機會。不回應是忽視的一種形式，如果長期存在，它也可能演變成一種虐待。

表達請求

有時為了滿足情感連結而提出請求卻沒有成功，問題是出於我們的表達不夠直接、不夠尊重或時機不對。例如，你因為非蔬食朋友不想和你一起參加蔬食聚會而感到受傷，你沒有直接對朋友表達自己的感受和需求，而是批評他們自私。或者，你因為伴侶不夠浪漫而感到被拒絕，所以你故意疏遠對方，讓他沒有安全感。或者你可能在睡前提出請求，但對方太累而無法回應。這種請求可能會帶來反效果，造成對方更加防備、破壞彼此間的信任，甚至使關係變得疏離。

連結和需求

連結往往與需求有關。當對方能滿足我們的需求時，我們就會感受到連結（和滿意），而當需求沒有得到滿足時，我們會感到連結斷裂（和不滿）。當越多的需求能被滿足，或當需求能被越充分地滿足，我們在關係中的感覺就會越好。幫助我們感受到連結的需求因人而異，因此，了解我們自己和他人的需求是至關重要的步驟。

所有人都有自己的底線、有不可妥協的需求，而有些需求很重要但並非必要。然而，幾乎所有人在人際關係中都有同樣的基本需求：我們都需要感到被接受、被重視、被欣賞、被需要、被尊重，當然，還有感到安全。我們都需要感到自己很重要，並且可以依靠對方。當這些核心需求得不到滿足時，我們就會感到失去連結。例如，如果你的伴侶一再地不遵守承諾，你就會開始感到不信任和憤怒，這反過來又會削弱雙方之間的連結。[9]

　　當需求一直沒有得到滿足時，長期下來我們會感到沮喪，這是一種較輕微的憤怒，隨著時間的流逝而逐漸加深和加劇，最終會在看似微不足道的小事上爆發，並訝異自己的反應為何如此強烈。我們也可能會變得鬱悶。很多時候，我們感到既生氣又鬱悶，而且不可避免地會感到被剝奪，因而可能會更加強烈地渴望這種需要，如同長時間不吃東西會感到極度飢餓一般。

　　儘管滿足需求對感到連結來說非常重要，但許多人並沒有真正看待對方的需求。例如，我們可能很少對身邊的人表達感激之情，導致對方感到被視為理所當然而心生不滿。當我們連一句簡單的「謝謝」都沒有說，也未認可對方的辛勞時，無論多小的事情，對方可能會感到自己被利用，並可能為了保護自己而有所保留。就算我們感激在心中，對方也只有在我們有說出口的時候才能得知。

　　只要認識到並滿足彼此的需求，就可以將關係從不安和疏離轉變為安全和具有連結感。

9　　有關其他潛在需求的列表，請參見〔附錄1〕。

區分想要和需要

許多人在關係中都有一份需求清單，其中包括對方應該如何著裝，到他的交友狀況應該如何等，內容應有盡有。

例如，如果對方穿著不當，不夠尊重或不符合社交禮儀；或者他們的朋友有暴力傾向或從事犯罪活動，這當然會有問題。但我們經常會列出一長串自認的需求，更準確地說是「想要」，這會讓我們看不清或掩蓋了我們真正的需求。例如，如果你希望伴侶在陪伴你出席重要場合時能以某種方式穿著，那可能你真正需要的是他們在社交場合能更加尊重他人的舒適和符合社交禮儀，而不僅僅是要改變他們的穿衣風格。或者有個蔬食者可能認為她無法再與非純素伴侶保持關係，因為她需要和另一個蔬食者在一起。然而，可能她並不需要另一個蔬食伴侶，她真正需要的是一個更細心和支持她的伙伴——一個願意盡最大努力透過她的眼睛看世界，滿足她的需求，並確保她感到被理解的人。

辨識並關注我們的需求

除了混淆想要和需要之外，還有許多其他障礙可能會妨礙我們辨識出（並因而關注）我們的需求。其中一個障礙是許多人難以認出和表達那些隱藏在需求底下的感受。例如，如果你的伴侶剛剛和他們的前任喝了咖啡，你可能會感到不安並需要再次確認你們的關係，但假

使沒有辨識出你的不安全感，你就不會知道你需要的是伴侶對關係的再次保證。

　　造成我們陷入糾結去承認和尊重自身需求的另一個原因，是我們被教導將需求視為可恥的事情。我們已經習慣於高估獨立和自給自足等品質，並貶低相互依賴和連結的價值。我們可以、也應該成為獨立孤島的假設造成了人們巨大的痛苦，因為它使我們否認、忽視和批判我們這些正常、自然和健康的關係需求是「錯誤的」。有需求這件事也被汙名化，「有需求的人」會被貶低和羞辱。有趣的是，「有需求的人」沒有一個直接對立的對等詞：我們怎麼稱呼沒有足夠需求的人？需求就像情緒，它們本質上沒有對錯之分，是人的天性。當我們接受而非抗拒我們的需求時，我們就可以開始清楚地看到並評估它們會如何影響我們和我們的關係。

　　如果我們貶低需求，即使確實意識到了這些需求，我們也可能質疑批評並否定它們。例如，你可能會告訴你的伴侶，你需要他們了解，你想到要參加他們堂兄的婚禮這件事，內心有多麼焦慮，因為那裡會出現很多肉食餐點，也沒有其他蔬食者。但是當你的伴侶說你反應過度時，你可能會突然懷疑自己的需求是否合理並感到羞愧。使問題更加複雜的是，蔬食者和非蔬食者都更有可能認為蔬食者的需求不如非蔬食者的需求重要，我們將在後面的章節中討論這一現象。無論如何，否定自己和他人的需求，認為它們是錯誤的，需求就不會被滿足，並容易導致關係崩壞。

　　即使我們承認並接受自己的需求，還有一個常見的誤解：要滿足

一個人的需求，就有人必須犧牲。一方必須輸，另一方才能贏。我們可能就會因此而不去照顧這項需求。當我們學會如何協調需求時，我們就會意識到在安全、互相連結的關係中，滿足彼此需求的唯一可行方案，正是雙贏的策略。當一方的關係需求沒有得到滿足時，兩個人都是輸家，因為這樣的關係失去了彈性。試想一下：如果和一個拿著空盤子的飢餓的人坐在同一張桌子上，而你的盤子裡滿是佳餚，有任何人能真心好好享受這一頓飯嗎？

當我們意識到並能夠表達自己的需求時，我們不僅可以賦予自己和我們的關係力量，也可以賦予他人力量。我們讓對方有機會提供我們想要的東西，從而滿足他們感到受尊重和認可自我能力的需求。隱瞞他人需要知道的訊息，使對方無法避免讓我們不愉快，是不尊重的行為。例如，想像你的晚餐客人未事先告知她不喜歡番茄，用餐時才對你精心準備的燉菜指指點點，就是沒禮貌的舉動。大多數人都需要感覺到自己能成功扮演各種人生角色，故了解對方的需求，才不會常常感到挫敗。

蔬食者、安全和需求

對於許多蔬食者來說，接觸肉類和其他動物產品是痛苦的經歷。大多數蔬食者都目睹了動物受苦的圖像，並轉變了觀點，例如他們因此而不再將肉視為食物，而是死去的動物。因此，當蔬食者接觸動物產品時，可能會引起創傷性反應：他們可能會回想起過去目睹的那些圖像，並且無法將這些圖像從腦海中抹去。突然進入我們腦海的思想

或痛苦圖像的心理學術語是侵入性思維（intrusive thoughts），隨著這些想法的出現，所有相關的情緒都會浮現：恐懼、厭惡、悲傷、焦慮，以及經常出現的道德憤怒感。

許多蔬食者在接觸動物產品時的體驗與非蔬食者（在某些文化中）接觸到被屠宰的黃金獵犬肉時可能會經歷的體驗相似——尤其是如果他們看過可怕的狗隻屠宰影片。我們大多數人在成長過程中對肉類（和其他動物產品）的脫敏（desensitization）阻斷了這種恐懼的自然反應，直到某些東西打破了原本的條件制約，就像許多蔬食者一樣。因此，非蔬食者通常不會主動同情蔬食者看到動物產品的反應。

了解接觸動物產品的蔬食者經常經歷的創傷反應，對於能夠在蔬食／非蔬食者關係中協商需求來說至關重要。當我們認知到蔬食者的需求不僅僅是個人喜好，而是與心理安全感有關時，我們就會意識到這種需求的重要性。

更複雜的是，無論蔬食者還是非蔬食者，我們的需求一直在變化，因為我們一直都在變化。作為一個人，我們無法不改變。我們每天都會變老一點點，並有新的體驗。例如，我們在50歲時所需的財務保障可能與我們在 20 歲時所需要的相去甚遠。

成為蔬食者通常會帶來態度和生活方式的改變，以至於新蔬食者不可避免地會產生一套全新的需求——隨著蔬食者意識的不斷提高，這些需求可能會繼續發生變化。舉例來說，你現在需要確保眼前的湯不是用雞肉熬煮的，但在上個月停止食用動物之前的你並沒有這個需求。或者你可能會發現，在家人常去的牛排館用餐時，你不再感到自

在；缺乏蔬食選擇和牆上的牛頭骨使你的用餐經驗變得相當痛苦。

抱怨與需求

有些需求很直接，我們可以很容易地識別和表達出來：「你能不能收拾自己造成的髒亂？」但僅僅傳達需求，並不意味著需求就會得到滿足。如果沒有被滿足，我們會再次溝通：「你能不能收拾自己造成的髒亂？」然後再一次、又再一次。在這一點上，我們可能會被視為愛抱怨或「永不滿足」。

但事情是這樣的：抱怨，依照定義來看，就是在溝通不滿。不滿是當需求沒有得到滿足時產生的感覺。抱怨被視為負面，並通常以侮辱性的方式提及（「你可以停止抱怨嗎？」）。然而，抱怨往往不是問題；問題是當事者不得不重申最初的要求，因為它從未得到充分回應。將要求滿足需求的人定義為抱怨者是轉移問題責任的一種方式，有點像揍了別人的鼻子一拳，然後責怪他們讓地毯沾染了血跡。

如果對於不滿的表達來自非主流群體成員，並將矛頭指向主流群體成員，則更可能被視為抱怨。例如，一個女人對她的男性伴侶的行為表示不滿，很可能被視為「嘮叨」，而一個對女性伴侶表達不滿的男人若這樣做，則可能會被視為「就是在表達不滿」。同樣地，蔬食者比非蔬食者更容易被視為「抱怨者」。

羞愧、批判和憤怒：觸發疏離的因素

　　某些想法、感受和行為會引發疏離感——在我們自己、他人或雙方之間。需要特別注意，最重要的觸發因子就是羞愧、批判和憤怒。

　　當一個負面想法出現時，它會觸發疏離的感覺，從而導致疏離的行為，再觸發另一個疏離的想法、感覺和行為，等等。

　　例如，假設你發現你的伴侶在每週購物時又忘記從雜貨店買豆漿，即使他們記得其他所有事情，但你仍然會想：「我的伴侶太不成熟了，無法承擔重要的責任」，你會感到自己的批判和憤怒，因此與對方斷開了連結。你告訴伴侶你厭倦了他的懶惰，於是他感覺被評判、被攻擊和感到羞愧，因而產生憤怒和防禦。他們回擊你，說你太緊繃、控制欲很強。你感到受傷，於是又再更疏離他了。

　　羞愧感是最容易觸發疏離的感覺（或至少是之一）。當我們感到羞愧時，我們會在自己和他人之間設置保護屏障，以避免自己感到更羞愧。羞愧感於情感上相當於如手肘擦傷時，我們會本能地保護它免受進一步傷害。而當傷口越嚴重，我們就越會努力保護它。感到羞愧的人會用情感的盔甲包裹自己，以確保安全；他們會戰鬥或撤退，而非連結。如果對他們來說確實感到不安全，那這種盔甲可能是必要

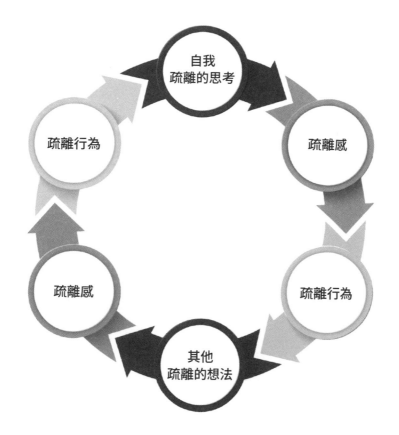

的，但它可能會限制關係的健康潛力。感到羞愧的人往往會羞辱他人，從而形成用羞辱去對抗羞愧的惡性循環。

批判會在心理上對應到羞愧感；批判性的態度會使人產生羞愧的想法並導致羞愧感。當我們批判某人（或我們自己）時，我們會認為他們低人一等、看不起他們。我們與對方的連結感減低了，這在很大程度上是因為批判限制了我們對他們的認同和同情。我們對他人的同情越少，我們就越有可能批判他們。當你能透過對方的眼睛看世界時，就不會再貶低對方。

批判源於自我的匱乏感需要被滿足,即透過疏離他人和產生優於他人的感覺來增強權力感和自尊。批判別人時,我們會覺得自己是對的,而對方是錯的;我們比較優秀,而對方比較差勁。但批判最終只會造成雙輸的局面。雖然當我們站在批判的制高點時,可能會覺得自己是贏家,但最終我們都是輸家——我們失去了作為與對方之間的關係命脈的連結感,以及知曉自己正在實踐真誠一致而產生的真正力量和自豪感,而對方失去了與我們的連結感,也可能被傷到了自尊。

憤怒,是對不公平產生的情緒反應,有助於在必要時保護我們或他人:它使我們有勇氣和動力採取行動,去抵抗不公平的對待。憤怒使我們能夠自保,主要是因為它能切斷我們在心理和情感上與他人的連結,也阻斷了同理心。

然而,我們的憤怒通常並非出於「為了要求被公平對待」的理性,而是因錯誤認知而產生的防禦反應。憤怒會在我們的腦海中編造出一個「我對你錯」的故事,然後越想越氣。即使我們因為受到了不公平的對待而生氣,我們仍然可以選擇以一種不會導致切斷彼此連結的方式來表達憤怒。大多數人都會採取防衛姿態以回應他人的憤怒。因此,我們對他人投射的憤怒越多,無論是隱約或是明顯地,對方越會推開或遠離我們,並與我們斷開連結。

當我們感到疏離,但卻不知道為何的時候,我們可以問問自己是否感到羞愧、批判和／或生氣,如果是,為什麼呢?一旦我們了解了感受的來源,就能更直接地定位並解決問題,及療癒疏離感的根源。

連結與尊重

　　尊重對我們的連結感至關重要。但大多數人從未真正了解尊重是什麼，或不是什麼。儘管我們經常憑直覺知道自己何時不受尊重，但我們卻很少意識到自己未尊重他人的時刻，因為我們幾乎從未學過如何識別能夠創造或破壞尊重的具體態度和行為。

　　尊重是尊重他人（或我們自己）的尊嚴和需要或權利。尊重是一種信念、一種感覺和一種行為。我們感到尊重的感覺是源於自身信念的結果：如果我們對他人感到尊重，那是因為我們相信他們值得被尊重。而尊重的行為就是實踐正義（公平）的價值，以我們想被對待的方式去對待別人。

　　因此，尊重不是我們贏來的。例如，我們會希望火車上坐在我們旁邊的陌生人尊重我們，即使我們沒有做任何事情來贏得他們的尊重。然而，一旦我們得到尊重，我們就需要努力維護它，我們會透過尊重自己來做到這一點。當我們真誠一致時，我們就會受到尊重——例如，當我們遵守協議並以尊重他人尊嚴的方式行事時。

接受和尊重

　　尊重某人包括接受他們的本來面目，接受並認可對方能夠具有自己的觀點、需求、感受等，即使我們不同意他們的某些言行，即使我們可能會努力改變社會，使這些行為在未來的某一天不再是普遍的做法。接受是理解而不批判。接受並不意味著我們要讓自己一直處於會被傷害的情況之下，或者被動地允許暴力發生。這只是意味著我們接受了，對方就是這樣的人，的這個現實，我們不會去批判並認為他們的價值有所減損。（在第 9 章中，我們將更全面地探討接受。）

蔬食者、非蔬食者和尊重

　　但是，如果對方的行為違反了我們的道德規範，並且我們認為無法尊重這樣的人怎麼辦？對蔬食者來說，最具挑戰性的經驗之一是試圖保持對那些行為與自己最深層價值觀背道而馳的人的尊重。對於非蔬食者而言，與蔬食者的關係中最具挑戰性的經歷之一就是因吃動物而受到批判或不被尊重。那麼，有什麼辦法呢？

　　首先，蔬食者可以意識到他們努力試圖尊重對方的一個原因可能是，他們沒有將個體（非蔬食者）與吃動物的行為或這種行為帶來的影響（也就是動物的痛苦）分開來看。個人，或者更具體地說，一個人的性格與其行為的混合體，常常會被蔬食者因目睹動物痛苦而經歷了一定程度的創傷而放大。

創傷模糊了界限並放大了情緒，我們將在第 6 章討論這些問題。了解吃動物的心理可以幫助蔬食者將非蔬食者的性格與他們的行為區分開來。吃動物源於大規模的社會制約，它以強大、複雜和各種不同的方式影響著個人。有些人在了解這種制約以及它如何傷害動物的真相後，能夠很快地擺脫。但是，由於各種原因，大多數人無法做到這一點。理解差異的本質也很有幫助——尤其是道德價值差異，我們將在下一章討論這個議題。將性格與行為區分開來看，是我們都應得的待遇。即使我們不尊重他人的所作所為，我們仍可以尊重他人的基本尊嚴。

接下來，蔬食者可以盡最大努力了解造成該行為的原因與其相關經驗。對方繼續吃動物是因為他們真的不在乎傷害動物嗎？或者他們是否擔心變成蔬食者後可能會帶來的影響，例如家庭關係的破壞或社會身分的喪失？他們能否以其他方式來支持愛護動物的理念呢？

一般而言，當我們對他人的內心世界有了深刻的了解時，就很難站在批判的立場而不尊重他們。同理心通常是不尊重的解藥。

確保我們的基本需求得到滿足也很重要，這樣我們才會有足夠的安全感和連結感來探索這個問題。當我們真正了解彼此的經歷，關注彼此的需求，並真正能夠就我們作為蔬食者和非蔬食者的經歷進行開放和富有同情心的對話時，我們很可能會發現，關於尊重的問題，實際上根本不是問題。

關係韌性和愛

精神科醫師摩根・史考特・派克（M. Scott Peck）在他的開創性著作《心靈地圖》（The Road Less Traveled）[10]中認為，愛不僅僅是一種感覺，而也是一種行動。愛（也）是動詞。即便別人感覺他們很愛我們，但我們能得知他們的愛的唯一方法是透過觀察他們的言行，以及他們是如何對待自己。例如，無論你的伴侶對你有多少愛意，如果他們沒有告訴你他們愛你、你說話時沒在聽，或者不斷無視你提出的重要需求，你根本不會感到被愛；你不會覺得自己對他們來說很重要。派克說，愛的行為是用對方最需要的方式去愛，這實質上就是用真誠一致去對待他們。有韌度的關係才是愛的關係。

愛帶來轉變

愛轉化了我們，很大程度上是因為愛轉化了羞愧。羞愧透過隱藏

---

10 參考The Road Less Traveled: A New Psychology of Love, Traditional Values and Spiritual Growth, special edition with new introduction (New York: Touchstone, 2003; first published 1978)，中文版書名為《心靈地圖I（新版）：追求愛和成長之路》。

在我們心靈和思想的黑暗深處來維持它的影響力。羞愧的黑暗無法在愛的光亮之下存在。想想當你向一個以慈心、接納和愛回應你的人分享一個羞愧的秘密或展露自己羞於見人的一面時，你的感受如何？突然間，那種無力和沉重的感覺像是被釋放、解放了。

愛是無邊無際的。當我們寬容時，我們的思想和內心就有空間得以容納各種想法和感受，即使某些部分可能看似矛盾。例如，你可能認為你的父親是一個富有慈心的人，但也認為他吃肉的這個生活方式很沒同情心；或者你可能希望與伴侶更親密，同時又害怕更親密。愛讓這些看似矛盾的事物共存。愛是靈活的，而非僵硬死板的。

愛並不完美

我們從小被教導：人若非完美，就是有缺陷的；不是好的就是壞的；不是英雄就是惡棍；若非值得愛，就是不值得愛。這種一維的觀點不可避免地會影響我們對一般人的看法，當然，包括與我們在關係中的人。例如，我們會自動假設「好」的伴侶不會做出有問題的行為，因此我們可能會為了是否要對他們付出愛而感到掙扎。雖然處理不尊重的行為很重要，但不能讓完美這種錯覺限制了我們的愛，也相當重要。

健康的人際關係應具有彈性空間；每個人都有犯錯的空間，是可以被允許犯錯的。當我們能夠接受自己和其他人不可避免地會陷入困境時，我們就會對將真實的自我帶入關係中感到更安全，因而得以建

立更深層次的連結。我們的關係也可以更快地從衝突中恢復，因為我們不必解決對彼此失望、或不夠完美的問題——也不必處理伴隨著完美主義思維的義憤填膺（「你怎麼能做這種事！」）。成為關係中的完美主義者，對任何人都沒有好處。

愛使我們能夠接受甚至重視自己和他人都有一團糟的時候。當我們能欣賞自己的不完美，就會在人際關係中感到更安全，因為我們不會覺得需要為了被愛，而得逼自己變成不可能達到的理想樣貌。當知道對方在心中騰出了一個空間，讓我們可以成為真實的自己、甚至展露出醜陋、不美好的一面，將更能增強愛的連結和情感上的療癒。愛是那最深層傷口的解藥，對我們自身來說是如此，對我們的世界也是如此。

當我們願意努力建立有韌性的關係時，也就是願意努力去付出愛，這有助於我們向最高、最深層的自我發展。愛將我們帶入一種臨在（presence）的狀態。當我們臨在時，我們就身處在當下，就在此時此地。[11]我們不會被未來的想法或過去的回憶而分散注意力。佛教徒將這種狀態稱為正念（mindfulness）。活在當下是我們的理想狀態。當我們活在當下時，我們的思想和心靈是開放的，我們感到安全，並與自己、他人和世界完全連結在一起。

---

11 有關當下的精彩內容，請參閱艾克哈特・托勒（Eckhart Tolle）的作品。

Chapter 3

成為盟友
理解
和彌合分歧

　　蔬食/非蔬食者關係中最常見的假設之一是，彼此差異太大了，無法理解對方的觀點，故無法產生安全感和連結感。然而，雖然蔬食/非蔬食者間的差異可能確實會造成問題，但情況並非一定如此。

　　在所有關係中，人與人之間的差異都很正常、自然和不可避免。每個人都是獨一無二的，都會把自己的觀點和需求帶入關係裡。有些想法即使看似相似，實際上也可能存在差異。例如，即使你偏好井井有條的生活空間，但你的室友可能比你更善於組織、打理環境，相比之下，你可能會覺得自己很邋遢。即使關係中的雙方都不吃肉，也可能其中一人是純蔬食者，而另一人是奶蛋蔬食者。

　　許多差異實際上是有益的，可以鼓勵我們成長。例如，在遇到注

重健康的朋友，讓我們體驗到定期鍛鍊和健康營養的好處之前，我們可能對照顧自己的身體並不怎麼重視。或者，我們可能只有在與一個對自己的感受有覺察且坦然面對的人在一起後，才意識到我們在面對問題和討論感受上比較不大方。因此，差異能以重要的方式豐富我們和我們的關係。

然而，我們會害怕關係中存在差異，主要是因為人們普遍具有「差異導致分離」的迷思。這就是為什麼在戀愛初期，人們往往刻意強調並誇大兩人共同點的原因之一。我們會高估相似性而貶低差異處，我們擔心差異會引起衝突，讓彼此越來越遠。

雖然有些差異也許確實是無法調解的，但許多差異實際上是可以彌合的，包括蔬食者和非蔬食者之間的差異。要決定我們可以彌合哪些差異以及如何彌合，需要了解差異的性質和影響關係的各種因素。我們也需要培養必要的技能，以有效地駕馭這些差異。

差異的本質

我們與他人之間的差異通常來自不同的個人特徵、信念或偏好。這些面向建構出「我們是誰」，因此關係中的個人差異或多或少都會

存在。參考同心圓的圖示，可幫助我們理解這些差異。圓心部分是我們的核心差異，其中包括天生的人格特質和根深蒂固的社會觀念所塑造出的部分性格。靠外側的部分是我們的表層差異，較為表面的偏好。比如希望住在城市或鄉下，或者喜歡早睡或夜貓生活。

　　一般而言，表層差異最有機會調和，因為與核心差異相比，外圍差異有較佳的適應性，而且往往影響情緒的程度較低。因此，儘管本章討論的原則適用於調和各種差異，但我仍會將重點放在核心差異的處理上面。

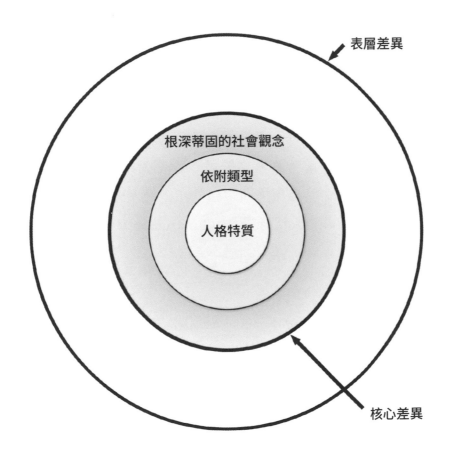

表層差異

根深蒂固的社會觀念

依附類型

人格特質

核心差異

人格特質

我們與他人之間最核心的差異是天生的部分，包括我們與生俱來的人格特質，也包含了我們的依附型態，即我們如何依附於重要他人〔譯註1〕。最近的研究顯示，我們過去認為例如樂觀和悲觀、外向和內向等純粹的心理特徵，實際上都有生物學基礎。[1]

基因在型塑我們的個性上發揮了多大的作用，至今仍然沒有答案，但很明顯地，我們的某些、甚至大部分個性實際上是與生俱來的。這並不代表我們不會成長和變成熟，但它確實意味著我們的核心人格特徵很難改變。有些常見的人格特質可能具有生物學因素，如理性或感性、較喜歡隨機行動或事先規劃、以及偏好哲學或務實的思維。

關於人格特質的學習，可能對我們了解自己和與我們相關的人來說非常有幫助。目前有許多系統可以解釋人格類型，但最實用的兩個系統是可能邁爾斯-布里格斯性格分類指標（MBTI, Myers-Briggs Type Indicator）和九型人格分類法（Enneagram）。MBTI 由大量實

〔譯註1〕重要他人（Significant Others）：那些和我們有深刻情感連結、對我們造成深刻影響的人，如：我們的父母、伴侶、摯友等。

1　參見 Colin G. DeYoung、Jacob B. Hirsh、Matthew S. Shane、Xenophon Papademetris、Nallakkandi Rajeevan 和 Jeremy R. Gray，「人格神經科學的測試預測：大腦結構和五大人格特質」（Testing Predictions from Personality Neuroscience: Brain Structure and the Big Five），Psychological Science 21, 6（2010））：820–28，以及 J. Patrick Sharpe、Nicholas R. Martin 和 Kelly A. Roth，「樂觀與五大人格：超越神經質和外向」（Optimism and the Big Five Factors of Personality: Beyond Neuroticism and Extraversion），Personality and Individual Differences 51, 8（2011））：946–51。

證研究支持，並在全球皆被廣泛接受，亦被美國許多最有影響力的機構以及無數心理學家和組織顧問採用。關於九型人格分類法在近幾年才出現較多科學研究，它被許多備受尊敬的心理治療師和教練所使用，是相當有實用價值的系統。MBTI 和九型人格分類法是從不同角度描述人格的互補系統；它們可以闡明關係中出現差異和衝突的主要部分，並有助於解釋蔬食／非蔬食者關係中，差異背後的一些驅動因素。[2]另一套有助於處理某些關係差異的系統是「愛的語言」，[3]雖然它並非專門討論性格類型。

因為我們大多沒有意識到許多人格特質是奠基於生物學，所以傾向於假設它們可以（並且通常應該）被改變。然而，試圖改變我們的個性，就像試圖改變我們的眼睛顏色一般困難。如果我們真的試圖改變自己的這些面向，就會削弱真實自我的完整性。我們截去了自己的一部分，就像從樹上砍斷了樹枝。否認或以其他方式壓制我們個性的基本特徵，可能會令人感到筋疲力盡，也會非常沮喪。違背我們的自然本性需要花費力氣，這會讓我們感覺自己變得不真實。當然，我們可以選擇改變伴隨某些人格特質的行為，但僅需要在不違背自己身心健康的範圍內進行即可。例如，假設我們是一個非常外向的人，我們可以學著多聽少說，從而發展我們的「內向性格」。我們仍然是外向的人，會邊說話邊思考，需要更高程度的社交刺激，但我們可以調整過度表達的傾向，享受與他人之間更平衡和更有成效的互動。

2　參考 www.enneagraminstitute.com 和 www.16personalities.com，了解有關九型人格和 MBTI 的更多資訊。

3　參見 Gary Chapman, The Five Love Languages: The Secret to Love That Lasts (Chicago: Northfield, 1992)，中文版《愛之語(增訂版)：永久相愛的秘訣》。

依附風格

　　構成自我的其中一個核心部分是我們的依附風格——我們如何依附關係密切的對象的方式。研究指出，雖然我們可能具有形成某種依附風格的生物學傾向，但我們的依附風格主要還是取決於童年和照顧者的生活相處經歷。[4]這些最初的依附經驗導致我們的大腦神經迴路以特定的方式連結，因為當我們有這樣的經歷時，大腦仍在發育中，所以我們的依附風格至少有一部分已發展為內建的設定。

　　我們的依附風格比任何其他因素更能決定我們與最親近的人（通常是我們的伴侶）的關係。它決定了我們如何看待各種關係，包括我們對關係的重視程度、以及將關係視為舒適或危險的，或兩者兼有。我們的依附風格也決定了我們在親密關係中是否會注意到一些面向（在其他關係中則影響程度較小），以及我們對這些面向的看法和感受。簡而言之，我們的依附風格在很大程度上決定了我們對他人的理解、感受和連結方式。

　　依附風格有三種基本的型態，而我們與對方的依附風格在很大程度上決定了關係是否合得來，以及我們如何有效地管理關係中的其他差異。一般來說，如果我們的依附風格是相容的，我們可以相對輕鬆地克服許多關係中的其他差異，若否，即使是很小的差異也會帶來沉重的挑戰。但是，依附風格不相容，並非代表某段關係就沒機會了。

4　查看 Stan Atkin 的作品，可造訪他的網站：Psychobiological Approach to Couple Therapy, 2003-17, stantatkin.com。

透過努力，依附風格可以被轉變，以創造出更多的相容性和安全感。這三種依附風格中，有兩種被歸類為「不安全依附」，第三種風格被稱為「安全依附」。當我們從童年經驗學到，對他人的依附是不安全的，當我們需要他人時，不能指望對方能夠在身邊，那就會發展出不安全的依附風格。

若我們從小就沒有主要的依附對象或照顧者，或者即使有，卻無法滿足我們對被關愛、安慰和同理的基本需求，那麼我們將無法培養在人際關係中感到安全、信任或允許自己依賴他人的能力。當童年經驗教導我們可以依賴別人時，我們就會發展出安全的依附風格；我們知道自己不僅可以依靠所愛的人，也可以依靠自己。三種基本依附風格以光譜連續的形式存在，因此我們或多或少都會體驗到這些風格。

其中兩種不安全依附風格是迴避型和焦慮型依附。具有**迴避型依附風格**的人更重視獨立和個人自由，而非相互依賴和歸屬感。他們對親密關係中通常需要的親密程度感到不舒服，而且經常對自己的個人空間高度保護，當他們覺得必須妥協以滿足他人對情感連結的需求時，他們會樹立起防備。這些人並沒有非常關注他人的情感體驗；他們往往不太清楚伴侶為何感到苦惱，並且經常對對方的基本需求感到負擔和厭惡。他們的核心信念是每個人都應該能夠照顧好自己，依賴他人是既危險又軟弱的表現。

焦慮型依附風格的人在某些方面與迴避型依附的人相反。焦慮型依附者渴望親密與密切的關係。他們尋求關係和親密，並且非常能夠適應伴侶的情緒和需求。他們會想取悅伴侶，並且通常很樂意學習方

法。然而，他們在關係中容易缺乏安全感：由於童年的依附經驗，他們認為自己不值得愛。他們在自我價值上掙扎，經常需要伴侶的很多保證，讓他們相信自己是被愛和被接受的。他們也往往對拒絕和遺棄有強烈的恐懼。他們可能會被認為很黏人，因為他們的依附系統，也就是大腦中感知到關係受威脅時所觸發的部分很容易被活化，他們需要伴侶的安慰以減少焦慮。雖然焦慮型依附的人可能看起來情緒激動，但他們的伴侶通常只要做一些小舉動就能讓他們安心。只要伴侶有同理心、慈心且可靠，信任就會隨著時間而建立，他們的焦慮也會顯著減少。

那些具有**安全依附風格**的人則是穩定平衡的：他們既不迴避親密關係，也不需要額外的親密關係保證。這些人對自己和他們的關係感到安全。他們不做最壞的打算，他們不像迴避依附者那樣害怕被吞沒，也不像焦慮依附者那樣害怕被遺棄。他們樂觀而踏實，相信事情會順利，但也願意看到眼前存在的問題。他們不耍花招，也不容易苦惱。他們會同理伴侶，給予關心、細心聆聽並樂於接受反饋。他們就像不安全依附者在狂風暴雨中得以依靠的踏腳石。

依附風格對我們是否合得來和感到安全和連結的能力為何如此重要，是因為它決定了我們最基本的關係需求，以及滿足對方某些最基本的關係需求的能力。例如，若迴避型依附者與焦慮型依附者成為伴侶，就很可能會發生巨大的需求衝突：迴避型伴侶可能會不斷地感到他的自由受到威脅，而焦慮型伴侶可能會在迴避型伴侶捍衛自己的空間時，不斷地感受到被拋棄。接納一方可能意味著另一方必須放棄能令他們感到安全或快樂地生活的需求。

對於蔬食／非蔬食者伴侶來說，依附需求和恐懼可能是圍繞著他們意識形態差異的壓力基礎。例如，如果你是一個焦慮型依附的蔬食者，在你自然而然地試圖與伴侶分享真實的自我時，可能會將伴侶對蔬食主義的不感興趣或抵制視為對自己的拒絕和遺棄。或者，如果你是一位迴避型依附的非蔬食者，就可能會將蔬食伴侶要求你避免動物產品視為對自己的控制。因此，探索自己的依附風格是如何影響自己對意識形態差異的體驗，對蔬食／非蔬食者關係中的伴侶來說是很重要的。

那麼，解決這種依附風格差異的方法是什麼呢？了解依附是重要的第一步。[5]

此外，它還有助於意識到某些風格自然比其他風格具有更高的相容性。兩個安全依附型的伴侶是最理想的組合，焦慮型和安全依附型的伴侶配對也很理想。

所有的組合當然都是可能的，但要使關係能順利，伴侶雙方都需要了解彼此的依附風格，願意並能夠滿足彼此的依附需求。隨著時間的推移，依附風格可能會發生變化，可能變好，也可能變糟。在安全的關係中（伴侶關注彼此對安全的需求），焦慮或迴避型的人可以學

5　有關依附件的延伸閱讀，請參閱 Amir Levine 和 Rachel Heller，《依附：成人依附的新科學及其如何幫助你找到並保持愛》（Attached: The New Science of Adult Attachment and How It Can Help You Find-and Keep-Love（New York: Jeremy P. Tarcher／Penguin, 2010）和 Stan Tatkin，《為愛連線：了解伴侶的大腦和依附風格如何幫助你化解衝突並建立安全關係》（Wired for Love: How Understanding Your Partner's Brain and Attachment Style Can Help You Defuse Conflict and Build a Secure Relationship, Oakland, CA: New Harbinger, 2011).。

會如何更安全地依附，若處於不安全的關係中，即使安全型的人也會變得不那麼安心。

社會根深蒂固的態度

較不那麼極端但也很重要的，是來自社會根深蒂固的那些觀念——這些並非與生俱來，而是由我們的社會、文化和家庭深刻灌輸給我們的。包括（但不限於）我們的性別偏好、宗教信仰和情感敏感性。例如，不論男女，很多人都會用年齡和外貌來評斷女性，而以賺錢和保護的能力去評價男性。在如此廣泛的社會化之後，要再改變我們對於男性或女性價值的認知是非常困難的。同樣地，雖然有些人在人生中改變了宗教信仰，但有的人認為這種轉變是難以想像的。我們的原生家庭正是以這樣的方式影響著我們，我們會自動對某些情緒或情況特別敏感。例如，如果有父母曾經在憤怒中辱罵孩子，對孩子大吼大叫，孩子就可能會對這類言語的爆發非常敏感，以至於伴侶或朋友一旦強烈表達憤怒，就會沒有安全感。

關於差異的迷思

　　傳統迷思讓我們對人際關係的差異產生嚴重誤解。兩個主要的迷思為：（1）差異是負面的；（2）差異是關係中出現問題的主要原因。當然，差異可能導致衝突，持續的衝突可能會導致關係出現問題。例如，當關係中的一方喜愛探索冒險，而另一方喜歡宅在家時，或者當其中一方是蔬食者而另一方則否時，需求相互衝突的問題就可能浮現。然而，關係問題的真正原因很少是我們的差異，而是我們如何看待這些差異。

　　我們大多不會將處理差異帶來的問題與增強安全感和連結感聯想在一起，因為我們已經相信關於關係差異的三個迷思：（1）差異代表有缺陷，（2）差異使我們疏離，（3）我們必須相似才能合得來。

迷思1：差異＝有缺陷

　　當我們將差異視為缺陷，往往會視對方在某方面不足，通常是我們自認擅長的領域。例如，宅男宅女「不夠具有冒險精神」，非蔬食者「不夠富有同情心」。 這些批判也可能用於描述對方在特定領域

的「太超過」例如太無聊、太自私等，這同樣也會導致將對方和自己的差異視為問題。有時我們會認為是自己有缺陷，例如覺得自己不夠聰明，而問題仍然是出在看待差異的心態：貶低而非接納差異。

迷思2：差異會使我們疏離

如何看待問題決定了我們如何解決問題。如果錯誤地看待問題，那麼不但無法解決問題，甚至可能使問題變得更糟。例如，如果我們認為對方的差異是關係中發生衝突的原因，那麼我們也會認為，解決衝突的方法就是消除這些差異──通常是試圖改變對方，讓對方變得更像自己。例如，我們可能會嘗試激勵宅男宅女嘗試更多冒險探索，或讓非蔬食者成為蔬食者。如果對方感覺受到評判──不被接受並被迫符合我們的方式──可能會引起對方的怨恨，並且可能比原本更抗拒改變。

當然，在某些時候要求對方改變是合適的，例如當他們的行為不尊重時。然而，在確定要求哪些改變是合理的之前，我們必須了解差異的本質以及如何以一種支持而非傷害自己和關係完整性和安全性的方式，去理解這些差異。

迷思3：相似才能合得來

雙方能合得來，就能和諧共處，也會以減少衝突性需求和降低不

健康或長期衝突的方式去相互連結，也因此會讓我們感覺彼此之間的連結更加緊密。但是，究竟是什麼讓人們能合得來呢？

大多數人認為合得來就是共同點多——具有共同的興趣和個性。一般來說，我們與另一個人的共同點越多，就越容易相處並感受到連結，尤其是當共同點包括對我們很重要的品質和興趣時。當我們具有相似的風格和興趣時，通常也會有相似的需求和願望，因此這些需求和願望就更可能得到滿足。例如，兩個外向者可能會對他們社交刺激的需求感到滿足，而兩個蔬食者可能不必擔心犧牲自己重要的飲食和生活方式。

然而，共同點多並不一定代表合得來。事實上，有時相似性反而會成為相處上的阻礙。當雙方太相似時，可能會因為需求相近而相互競爭。例如，外向的人可能都想要對方關注自己，卻很難互相傾聽。過於相似也會限制彼此的成長機會，我們可能會停滯不前、找不到平衡點。例如，兩個推廣者都傾向於過度關注推廣議題，而忽視自己的需求。他們在工作和人際關係中可能會因此而感到越來越沮喪和精疲力竭。

真正能使我們合得來的方法是，雙方都能夠充分滿足彼此的需求，以產生連結感。當能夠和諧快樂地共處時，雙方就能合得來了。

相容性、飲食和蔬食／非蔬食者的關係

在不同文化中，食物和飲食一直是人們建立連結、創建社群、加強家庭聯繫和社會聯繫的關鍵方式。然而，當出現一位蔬食者時，這種自然的社交、連結體驗就可能會出現對立性。家庭聚餐、浪漫晚餐和節日盛宴可能成為蔬食者和非蔬食者間極大的壓力來源，成為權力鬥爭和衝突的場所。這與很少發生以至於可以容忍或避免的節日盛宴不同，進餐時間的互動是定期發生的。食物和飲食，不再自然而然地增進連結，反而成為連結斷裂的原因。

誤解、衝突和進餐壓力

讓食物和飲食變得緊張的原因之一是源於認為蔬食者和非蔬食者在這方面合不來的錯誤假設。通常，這種假設是基於對蔬食飲食缺乏認識；許多人沒有意識到，蔬食食品可以非常多樣化、美味和令人愉悅。圍繞著蔬食主義而浮出的衝突通常會加強這種假設，例如關於晚餐吃什麼，或吃動物的道德問題爭論。

這種圍繞著食物和飲食的壓力也會發生，因為當非蔬食者不理解

蔬食主義時，他們可能將蔬食者不食用某些食物的選擇解釋為不僅拒絕吃動物，而且也拒絕與他們連結。與他人一起進食和分享食物對許多人來說是一種連結體驗，因此蔬食者拒絕食用他們曾經喜歡並與家人分享的食物，可能會被視為拒絕家庭間的連結。

當然，進餐時刻的壓力也常常會發生，因為食物代表的問題正是蔬食者和非蔬食者在關係中產生疏離的焦點。食物和飲食自然會使蔬食／非蔬食者的恐懼和挫折浮上檯面。

改變焦點：從內容到過程

當談到吃東西時，所有人，無論是蔬食者或非蔬食者，都傾向於關注內容而不是過程。內容是指吃什麼，而過程是人們如何與整個飲食體驗相連結。例如，飲食內容可以是肉醬義大利麵，也可以是蔬菜醬義大利麵。而過程則是人們聚在一起享用美食，談論當天經歷的種種、交流想法、在食物和飲料中放鬆，如此一來就產生了連結。一起準備食物也是一種過程，也可以是一種連結體驗。

在透過食物建立連結的體驗中，過程實際上是最重要的。儘管內容確實很重要——蔬食者顯然不想吃動物，也沒有人想吃味道不好的食物——但通常很容易找到讓每個人都滿意的食物。例如，你的非蔬食母親可以很輕易地將傳統肉醬中的碎牛肉與味道幾乎相同的大豆製碎牛肉交換，或者也可以製作蘑菇醬。我們吃的大部分食物內容，甚至都不是我們選擇的；這只是我們從家庭和文化中繼承的東西，我們

一直以同樣的方式吃同樣的食物，因為這是我們所習慣的。

　　當一個人成為蔬食者時，即使飲食的某些內容發生了變化，但就許多方面來說，飲食的過程並沒有改變。我們仍然可以善用進餐時間並視為保留其最初意義的機會：與我們關心的人建立連結。以飲食為中心的傳統聚餐，目的通常不是提供特定的食物（例如魚或馬鈴薯），而是將人們聚集在一起並建立連結。許多擁有一名或多名蔬食者的家庭，仍尊重他們的傳統和用餐時間，而不會造成關係疏離，因為他們有注意到所愛的人的安全感和連結感，比起為了友善蔬食而得刪去一兩種食材的「損失」來說更為重要。因此，舉例來說，他們可能會在感恩節供應「素火雞」而非真的火雞，或者用豆類而不是牛肉來製作他們最喜歡的菜餚。

關係分類

　　並非所有關係都需要相同程度的連結。大多數人都有各種各樣的關係，它們的聯繫程度各不相同。我們可能有熟人、同事、家人、親密的朋友和浪漫伴侶，我們可以將關係用同心圓的概念來描述——離圓心越遠，連結的需要就越少，因此對差異的容忍度就越高。

我們有時會錯誤地假設，在較遠的關係中也需要與在較近的關係中相同或相似的相容性和連結度。我們可以用親密關係中的連結程度作為衡量所有關係中連結的參考值。例如，如果你與你的兄弟有共同的核心價值觀，並且可以開放地談論自己的想法和感受，你可能會認為你與其他家庭成員也應該如此。如此一來，你可能會試圖強迫自己親近那些家庭成員，或者完全放棄關係，而非接納讓不同的人以自然的方式與你互動，而能或多或少地增加雙方的親近程度。

相容性和不斷變化的柏拉圖關係類型

我們的人際關係，就像身處在其中的個人一樣，不是一成不變的，它們會不斷地成長和進化，有時這種進化會將個體推向不同的方向。關係類別可能會改變，也可能會結束，相對於增進關係的親密度，許多人會對拉遠距離施加價值批判，這種批判會妨礙我們決定怎樣對自己和關係最有利，並使我們的關係陷入不再適合的類別之中。

我們傾向於貶低並因此抗拒親密度減少的自然發展，不論是浪漫伴侶或柏拉圖式的關係。[譯註2] 然而，決定改變浪漫伴侶關係的類別或結束伴侶關係，通常是相對複雜和敏感得多的過程，因伴侶之間通常已發展出易受傷害的依附關係，並投入了相當多的情感。因此，當雙方有意識地引導關係朝著相容的方向成長和發展，也就是說，當他

〔譯註2〕柏拉圖式關係，指親密而深情但不包含性吸引力的愛或友誼。可包含朋友或家人。

們的決定不會威脅到雙方的相處時，互相承諾的浪漫關係會是最好的狀態。只要是不需要妥協任何人的核心需求或限制個人發展，並且是為了維護關係的完整性而做出的決定，就可以被視為健康的妥協。

決定將柏拉圖式關係的類別更改為不再那麼密切，或者完全結束掉它，通常更為直接。但我們經常假設，如果友誼或家庭關係變得不那麼親密，這種變化就表示關係或其中一個成員出了問題。例如，如果你有一個以前最好的朋友，現在很少花時間和他碰面，你可能會覺得你們不再像以前那麼親密，而這簡直是「太糟糕了」！你可能會因為沒有付出更多的努力來保持連結而感到內疚，然而你並未做出這樣的努力，是因為你實際上並不想要保持如此密切的連結。或者，你可能會強迫自己維持本來的狀態，表現得好像比實際感覺更親近，因為你不願接受這個關係正在拉遠距離，或者想避免傷害對方。

當然，當一段關係變得不那麼親密時，感到有些悲傷是很自然的，因為這種變化是一種失落。然而，即使失去會引發悲傷，許多關係中親密度的下降——尤其是柏拉圖式的關係中——通常是健康的標誌。通常只有當兩個人在更改關係類別的想法不一致，或者當關係中有未解決的衝突，有未被注意到、並非自然而然發生的疏離情況時，關係才會出現問題。

維根蔬食主義和不斷變化的柏拉圖關係類別

成為蔬食者通常會導致人際關係變得不那麼親密。蔬食者的新世

界觀和生活方式，再加上許多非蔬食者的防備反應，可能導致誤解變成衝突，從而迅速拉開距離。有時，成為蔬食者揭示了這樣一個事實：友誼或家庭關係的發展已經超出了目前的類別範疇；其他時候，它會導致關係超出其類別。本書的重點是學習如何彌合這種距離或確定改變關係類別是否符合每個人的最佳利益。

在柏拉圖式關係的狀況，可以問問自己：「這種友誼或家庭關係是否滿足我對這個類別的親密程度的基本需求？」例如，如果與你關係密切的姑姑根本無法理解和適應你的蔬食主義，與其掙扎和強求以維持目前的親密程度——堅持要讓她「懂你」——你也可以乾脆地決定，接受你們會變得不再那麼親密的事實。你會意識到，你們在某些方面可以很親近，但在其他方面不行；親密度不是非黑即白的問題。

當我們允許自己改變柏拉圖式關係的類別時，我們可能會發現我們可以與許多（也許是大多數）相當顯著的個性和價值觀差異共存。接受這一事實，可以減輕許多蔬食者認為需要將自己關係密切的人也轉變為蔬食者的負擔，諷刺的是，有時偏偏也是這些人，最不可能做出對於這種期望的回應。

差異和疏離

正如我們常假設相似性高才能合得來和更有連結，我們也會假設差異會害我們合不來，以及失去連結感。因此，差異會導致我們感到疏離，只是因為我們已經相信它們會導致疏離。尤其在伴侶關係中，差異與疏離的關聯是如此強烈，以至於我們可能會不自覺地認定差異將對關係造成永無止境的威脅。為了降低威脅程度，我們可能會否定差異或將差異最小化，而非找出可能導致關係問題的真正原因。例如，我們可能不會告訴那位我們在參加集會時遇到的新政治活動夥伴，說我們會參加只是因為這活動也包含了我們強烈關注的動物保護議題，我們實際上並不那麼熱中政治。我們不想向他們或自己承認，我們之間可能存在這樣的生活方式差異。

差異有時會讓我們感到疏離，因為我們往往不容易理解和同情那些與我們不同的人——而理解和同情是感覺連結的核心。例如，雖然我們可能很容易地理解與我們有同樣想法的人，並在和他們爭吵後立即討論彼此的想法和感受，但我們可能很難理解一個在談論經歷之前需要先花一些時間沉澱和了解自己的朋友。缺乏理解和同理心，會迫使我們在對方準備好之前，就急著要他們與我們溝通，導致因我們無視他們的需求，而造成了進一步的疏離。

差異可能導致我們感到連結度低的一個現實的原因是，彼此之間偏好的經歷可能較少，導致建立連結的機會更少。例如，如果你喜歡徒步旅行而你的伴侶不喜歡，或者如果你擅長智力分析而對方更喜歡討論實際問題，那麼除非他們改變偏好以適應你的偏好，否則你可能不會在這些領域上與他們建立牢固的連結，反之亦然。

接受差異的產生是正常且自然的，這對創造安全、連結度高的關係來說相當重要。顯然，我們不應該接受不尊重的行為，也不應該選擇留在無法容忍差異的關係中。然而，接受真實的對方，而非因為他們與自己的不同而批判他們，是確定我們是否能夠感受到足夠的連結以在關係中得到滿足，最重要第一步。

接受差異的最好方法是去理解它。理解差異需要以好奇心和同情心接近對方，真誠地希望透過對方的視角去了解他眼中的世界。事實上，接受這件事本身，通常就可以解決過去看似乎不可調和的差異。例如，善於交際的外向者可以停止將內向的伴侶視為「掃興的人」，而是欣賞這種更注重內在所帶來的深度、平靜和深思熟慮。曾經是蔑視之源的特質，現在搖身一變成為一種吸引力。

意識形態和差異

意識形態差異是指核心信仰和個人哲學之間的差異，例如存在於民主黨和共和黨之間，或蔬食者和非蔬食者之間的差異。這些差異帶來了特殊的挑戰，而且往往是最受關注的領域。

我們想知道，該如何處理與意識形態同樣重要的差異，這種差異通常會影響我們生活的方方面面——情感、身體、社會、心理，甚至心靈層面？我們如何得知這種差異是否可以調和？

雖然意識形態差異確實帶來了非常真實和獨特的挑戰，但它們能否調和，在很大程度上取決於兩個因素：我們如何彼此連結（即，我們是否正在實踐使雙方能夠擁有安全感及連結感的關係的原則）以及我們如何與自己的意識形態連結。我們如何與自己的意識形態連結，在很大程度上取決於兩個因素：意識形態在每個人的生活中占了多大的主導地位，以及我們如何與形成該意識形態或作為其基礎的價值觀相連結——也就是說，我們的價值觀能否以及如何成為我們的意識形態差異。（有關調和意識形態和價值觀差異的概述，請參見本節末尾的圖表。）

意識形態和價值差異

我們之所以會感受到意識形態差異的威脅，是因為我們可能假設意識形態差異反映了價值差異，因為意識形態在很大程度上是基於價值觀的。雖然有時是這樣，但並非總是如此：相同的價值觀可能是不同意識形態的基礎，只是被用不同的方法解釋和表達。即使我們的價值觀確實不同，也不一定會引起問題。

出於兩個原因，我們可能會因為對於與我們關係密切的人具有不同的價值觀而感到特別受威脅。首先，我們的價值觀影響了我們的大部分生活，而且通常不太會改變，因此看似不可能與不同價值觀的人好好相處，或至少會很困難。其次，我們需要尊重他人才能感受到與他們的連結，而我們尊重他人，是基於對方是否有實踐對我們來說重要的價值觀而定。因此，我們可能會擔心，價值觀差異將意味著我們無法保持對另一方的尊重，從而無法保持與對方的連結。

正如我們傾向於將差異等同於不足一樣，我們也傾向於視價值觀差異等同於價值觀的缺陷——我們認為別人的價值觀不如我們的。而且由於價值觀的道德本質，我們對他人的價值觀「缺陷」的批判往往比對其他類型差異的批判更為強烈，因此也會造成更嚴重的疏離。我們傾向於認為對方較不道德，甚至根本沒道德感。

價值觀是我們對好、壞，合意或不合意的信念。它們影響我們的態度和行為，並引導了我們的選擇。雖然所有價值觀都包含道德成

分，因為它們反映了我們認為有價值或值得的東西，而有些價值觀比其他價值觀更注重道德。許多道德價值觀，包括同理、正義和誠實，在很大程度上被視為普世價值。道德心理學研究發現，以下五種道德價值觀往往是我們政治取向[譯註3]的基礎和驅動力：關懷（同理）、公平（正義）、對自己群體的忠誠、對權威的尊重和維持某些價值的聖潔性（純潔）。大多數人都具有這些道德價值觀，但前兩個價值觀對左翼人士來說，比其他價值觀更重要，而所有五個價值觀對右翼人士來說都很重要。[6]更個人化的價值觀涵蓋了廣泛的偏好，包括樂觀、率直、社交性、懷疑主義、敏感度、創造力、守時和獨特性。

我們的價值觀，無論是道德的還是個人價值觀，都是由我們的個性和生活經歷所塑造的。我們的個性由氣質（我們的先天特徵和傾向，或我們的天性）和社會條件（我們環境的影響，或我們被養育的方式）組成。例如，一個天生就具有理性分析傾向的人，以及在一個鼓勵理性思考的家庭中長大的人，很可能會將理性作為核心價值觀。這個人需要依賴可靠的推理來做出決定，並且可能會對主觀或傳聞持懷疑態度。

毫無疑問，有同樣的價值觀，對於關係中的安全及連結感來說至關重要。然而，沒有任何兩個人的所有價值觀都完全相同，也不會對他們共有的價值觀給予完全同樣程度的重視。例如，你和你的伴侶可

〔譯註3〕政治取向：例如偏保守還是自由主義、支持同性戀還是反同性戀、支持槍枝還是反槍枝等等。

6　參見Jonathan Haidt，《正義的心靈：為什麼好人被政治和宗教分裂》（The Righteous Mind: Why Good People Are Divided by Politics and Religion）（New York: Vintage Books, 2012）。

能都認同要事先規劃行程，但你的伴侶可能相對沒那麼重視，而更傾向於能夠靈活調整。因此，如果出現需要你取消探望家人的計劃的情況，你們可能會爭論是要按照原訂計畫或是取消。

有鑑於關係中總會存在一些價值觀差異，價值觀差異是否真的是個問題，取決於三個因素：

1. 我們的哪些價值觀相異；
2. 相異的價值觀對我們每個人來說有多重要；
3. 以及相異的價值觀是否相互競爭、相互衝突。

如果相異的價值觀是我們雙方的核心價值觀，例如我們的核心道德價值觀（例如，保護他人免受傷害與保護個人自由）或我們的依附價值觀（例如，重視親密和團結，而非重視獨立和自由），那麼價值差異將更難以駕馭。

如果相異的價值觀對其中一人來說很重要，但對另一個人則否，則可能不需要對雙方的價值觀進行妥協，因此不會構成嚴重的挑戰。例如，也許率直對你來說是一個重要的價值觀，因為你喜歡沒有額外包裝的溝通方式，但你的朋友卻覺得無所謂。

如果我們和對方有相互競爭的價值觀，即使不是核心道德價值觀，我們可能會為了這種差異而掙扎，因為雙方的需求會發生衝突。回顧之前的例子，如果你看重直率，但你的朋友看重社交，需要在社交場合「保持和平」，那麼你們兩人的需求就可能很難同時被滿足。

有時，表面看似價值差異，實際上卻是權力鬥爭。假設關係中的

雙方擁有相同的道德價值觀，但只有一個人決定成為蔬食者，另一個人並未同時成為蔬食者可能有很多原因。人們在準備好之前不會做出這樣的生活方式改變，只有在各種必須具備的因素都齊備時，才是真的準備好了。現在，也許這位新蔬食者希望伴侶能改變她的飲食習慣，所以他開始告知她動物的痛苦和所有其他的理由，並要求她停止吃肉、蛋和奶製品。他的伴侶拒絕了 —— 不是因為她有不同的價值觀，而是因為她不想被另一個人改變，或者她感到壓力，而她的憤怒讓她不想屈服，或者她不想看起來像是沒主見，伴侶做什麼就跟著做的人。隨著時間的推移，權力鬥爭變得越來越根深蒂固，表面上似乎存在的價值觀差異，實際上並不存在。一位蔬食者可能在幾個月前吃過動物，過去的他並不擔心價值差異，而現在可能會開始假設他的伴侶缺乏與他建立安全、連結關係所需的價值觀。

蔬食／非蔬食者關係和道德價值觀

通常，蔬食者擔心他們生活中的非蔬食者不會採取與他們相同的道德價值觀，最明顯的是，同理和正義的價值觀。蔬食者也可能擔心非蔬食者缺乏同理心，他們認為缺乏同理心是非蔬食者看似缺乏對蔬食價值觀支持的基礎。然而，絕大多數人都具備同理和正義的價值觀，以及同理的能力。

在道德價值觀方面，蔬食者和非蔬食者之間的差異通常不是價值觀的實際差異，而是這些價值觀被重視的程度差異或價值觀解讀方式的差異，或兩者兼有。例如，蔬食者可能將同理心置於所有其他價值

觀之上。她的伴侶也可能重視同理心，但他可能不會使用「同理心」這個詞，然而如果被問到，他會說他認為善待他人，尤其是那些弱者，是很重要的。然而，非蔬食者對同理心的重視程度可能低於對忠誠度的重視程度，因此他希望保持對家人的忠誠。對他們來說，吃動物性食物是一種長期的傳統，勝過他採取更富有同情心的飲食的渴

你們的意識形態差異可調和的程度有多高？

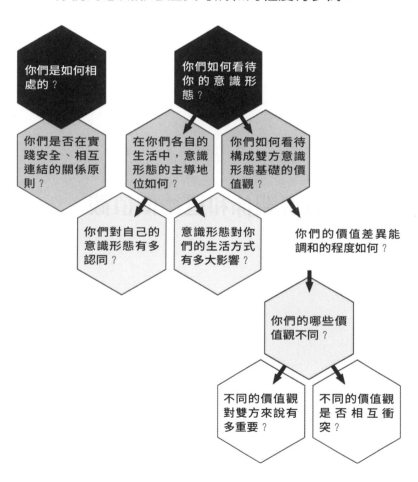

望。蔬食者若要確認這種差異是否大到無法容忍的地步，她需要了解非蔬食者的內在經驗──非蔬食者價值觀的意義和應用──並實踐建立安全、相互連結關係的原則，如果蔬食者了解她的伴侶在吃動物方面的價值觀，並且這種關係相對有彈性（包括她的伴侶是蔬食者盟友的這一事實），那麼蔬食者就可以確認此價值觀差異是否真的會造成問題。

在同情方面，大多數人天生就有同情的能力，並會隨著時間的推移增加；人們只是在自然產生同理心的程度上有所不同。此外，有些人可能天生具有高度的同理心，但他們的生活經歷（例如某些類型的創傷）使他們與這個同理心斷開了連結。

當然，我們當中的大多數人需要相信自己親近的人會與我們存有相同的道德信念。為了確定我們是否在同一道德層面上，我們需要真正了解對方的內心世界，包括了解他們的價值觀對他們來說意味著什麼，以及他們如何實踐這些價值觀。有了這樣的理解，我們就可以確定雙方實際上在道德上有多相似或相異。如果我們發現彼此之間存在顯著的價值差異，也可以考慮成為盟友是否足以使差異較容易調和。

透過成為盟友以彌合分歧

正如我們在第一章中所討論的，深入理解和欣賞彼此的內心世界：價值觀、意識形態和存在及展現自我的方式，對於建立安全、相互連結的關係來說至關重要。這是成為盟友的過程。當我們是盟友時，我們就是彼此的支持者，即使我們的信仰不同。（參與盟友關係的唯一例外是，這樣做會導致我們違背自我原則或在情緒上感到太不安全。）

即使你們選擇的道路不同，盟友仍會陪伴在你的身邊。即使你們支持的議題不同，盟友也會支持你。盟友可能會不同意你的觀點，但他們完全理解和尊重這些觀點，並且完全支持和尊重你的身分和信念。

雖然與那些和我們有相同價值觀的人相處顯然容易得多，但在許多關係中，往往存在許多能容納差異的空間，特別是當我們願意成為彼此的盟友的時候。本書中討論的原則和實踐旨在引導我們走上成為盟友的道路，我們將在接下來的章節中進一步討論這個問題。許多蔬食者可能會發現，當他們生活中的非蔬食者成為蔬食者盟友時 —— 盟友會見證並尊重他們和他們的價值觀 —— 他們將完全有可能享受安

全、相互連結的關係。

　　儘管蔬食者和非蔬食者之間的差異會對人際關係構成嚴重挑戰，但並非一定是如此。當我們了解差異的本質時，我們可以成為盟友而非敵人。當我們停止批判雙方的差異之時，我們可以更清楚地看到哪些差異可能會阻礙我們的連結。接下來，我們有權採取最符合我們自己和關係最佳利益的正面行動。

Chapter 4

系統
塑造關係的
隱形之舞

　　所有人的內在都有著多重系統，每個系統都會讓我們對自己和他人的看法及感受產生深遠的影響。系統是一組相互連接以組合成整體的部分。將系統視為舞蹈會對理解它而言很有幫助。[1]舞蹈是由舞者、音樂和舞步組成的，這些部分相互連接或組合在一起的方式創造了整個舞蹈。在我們參與的每一次舞蹈中，我們會在某種程度上感到安全，並與我們的舞伴保持連結。

　　在本書重點關注的人類系統中（我們將其簡稱為「系統」），是

1　系統心理學家哈里特・勒納（Harriet Lerner）博士在《憤怒之舞：改變親密關係模式的女性指南》（The Dance of Anger: A Woman's Guide to Changing the Patterns of Intimate Relationships）（New York: HarperCollins, 1985）中推廣了這個類比。

由人（誰扮演什麼角色），以及我們如何互動的規則或期望所組成的。某些系統只包括另一個人，如我們的夫妻系統，而另一些系統則包括數百萬的其他人，如社會系統。當一個系統只涉及兩個人時，我們將系統簡稱為「關係」，而更大的系統本質上是由很多組關係所構成的。

就像舞蹈一樣，每個系統都有自己的性格或風格。系統的性格由系統中人員的性格和行為以及這些人互動或聚集的方式所構成。例如，一個家庭不僅僅是其成員的組合。這些成員如何互動，創造了整個家庭的特殊風格。回想一下你認識的不同家庭：有些可能是愛好娛樂和隨性的，有些可能是內向、不善於表達情感的，諸如此類。

系統可能是健康或不健康的，會增加或減少每個相關人員的安全性和連結性。因此，了解系統的性質以及它們如何引導某些我們最關鍵的個人選擇，對於任何想要改善人際關係或生活的人來說都是不可或缺的。這樣的理解對於那些處於蔬食／非蔬食關係中的人尤其重要，在這類關係中，某些類型的系統會以獨特的方式影響每個人的觀點、感受和行為。帶著覺察，我們可以努力改變系統，讓它們能夠反映和加強我們為自己和關係尋求的安全和連結。

系統的運作：角色和規則

系統由角色和規則組成。角色是我們扮演的人物，而規則是我們遵循的準則。

角色：我們扮演的人物

我們在某個系統中扮演的某些角色是明確的，這意味著它們被明確地描述，例如丈夫、母親或老闆。其他角色是隱而不明或未能被明確描述的。例如，我們可能是親密關係中的「追求者」或「疏遠者」，抑或是「功能不足者」或「功能過度者」。功能不足者是那些努力跟上基本職責的人，例如保持房子清潔和按時支付賬單，並且在一段關係中扮演較為孩子氣的角色，而功能過度者是扮演父母角色的人，承擔最多的責任。在蔬食／非蔬食者關係中，有時功能過度者的角色也是（或包括了）道德功能過度者的角色，與道德功能不足者形成對比。

● 家庭系統和蔬食黑羊角色

在某些類型的家庭系統中，會出現所謂的黑羊。「黑羊」是指與

其他人有點不同的孩子，也許個性乖僻，從來無法融入群體中。「黑羊」通常是（當然不一定是）家庭中最敏感的孩子，並且經常被誤解和排斥。這個孩子通常會成為該家庭的代罪羔羊，被視為造成家庭問題的人，而事實上，是系統本身的功能障礙導致了問題──「黑羊」角色的孩子只是讓潛藏的緊張關係浮現並展現出這些問題。家庭治療師將「黑羊」稱為「確診病患」，將其識別為病人、有問題的人（「如果珍妮能改正他的偏差行為，這個家庭就會沒事！」），但該名成員只是讓家庭中更深層次的問題顯現了出來。而作為不墨守成規的人，「黑羊」自然對蔬食主義等問題持有更開放的態度，因此「黑羊」往往是最有可能成為蔬食者的家庭成員。

家庭角色往往會跟隨我們進入成年階段，因此成年蔬食黑羊會發現他們的蔬食主義被家人視為另一個他們與大家合不來的問題，或是又在試圖「反抗」家庭規範。這樣的假設只會強化蔬食者被誤解和被忽視的感覺，並會加劇圍繞蔬食主義的緊張局勢。儘管蔬食者理性、成熟的心智可能會意識到成為蔬食者是賦予正義力量的行為，但在另一個層面上，他們可能感覺到其蔬食主義成為了另一個無法與家人連結的例子，並且感到「自己又更沒價值了」。在生命歷程中不斷被指稱自己是有缺陷的人，成年黑羊通常會感到相當羞恥，並在某種程度上相信自己確實有問題。

對於因蔬食主義而在家庭中感到緊張的蔬食者，考量家人的反應是否與未解決的人際關係問題更有關係，而非蔬食主義本身，可能會對解決問題有所幫助。若更深層次的互動問題仍未得到解決，討論食用動物的倫理問題或蔬食營養的好處不太可能產生多好的效果。

規則：我們遵循的路線

規則指引了我們在角色和整個系統中應如何感受和表現的方式。例如，某一條規則可能是來自父親，或者過度功能者可以控制關係中大多數的決定。與角色一樣，規則可能明確，也可能是不成文規定。例如，顯規則可能是「在家不能罵髒話」或「不得有婚外情」，而潛規則可能是沒人會提起關於父親飲酒之事、功能不全者不被允許為伴侶關係做出重要決定，或者不應認真看待「黑羊」的生活方式選擇，例如成為蔬食者。大多數規則——甚至是一些重要的規則——都是潛規則。因此，大多數人在關係中都遵循著一套看不見的指導方針，這些指導方針從未被搬上檯面，但卻強而有力地塑造了我們與自己和彼此間的互動經驗。

光譜上的拉距：變得兩極化

角色可能會變得極端，尤其是在差異沒有得到有效管理的情況下。我們可能會變得兩極化，站在光譜的兩端，一南一北。例如，有一對在關係初始時分別為溫和民主黨人和溫和共和黨人的夫婦，每次

出現政治問題時，民主黨主張採取更自由的做法，而共和黨則主張採取更保守的做法。隨著時間的推移以及雙方會捍衛自己的立場，兩人都認為自己是比較正確的一方，這會降低雙方看到對方觀點潛在正確性的能力，並且在自己的看法上變得更加極端。

當任何一方或雙方無法或不願意真正去理解對方觀點的差異時，都可能導致個體在自己的立場上變得越來越極端。在許多關係中，同樣的爭論會一遍又一遍地重演，每當一方堅持自己的立場時，另一方的反應會是更誇大地凸顯自己的立場。

心理學家將這種互動稱為「光譜上的拉距」：一方顯現出的差異越多，另一方就會做出越多相反的行為。假設有一對已婚夫婦喬納斯和威廉，喬納斯是功能不足者，威廉則是功能過度者。喬納斯越是忘記約定、丟失鑰匙等，威廉就越會負責管理兩人的社交行程、尋找丟失的物品等。反之亦然：威廉越是承擔額外的責任並認為喬納斯無能，喬納斯就越覺得自己無能並放棄責任。漸漸地，雙方都完全相信喬納斯是無能的，而威廉必須控管好一切。

在道德過度者／不足者的互動舞蹈中可以看到同樣的動態。例如，當非蔬食者在生活中沒有表達出蔬食者認為對道德問題足夠的關注時，蔬食者會變得越來越注重道德議題，甚至可能超出蔬食主義的範圍。隨著時間進展，這對夫婦的觀點可能變得極端，蔬食者變成道德完美主義者，而非蔬食者在道德議題上則變得冷漠。

隨著我們在關係中變得越來越兩極化，我們認定自己和對方只能二選一，最終會陷於僵化和不變的角色當中。例如，我們要麼是

「負責任的人」，要麼是「幼稚小孩」，是「追求親密者」或「疏遠者」，是「道德倡導者」或「自私的消費者」。我們無法理解每個人都有體驗幾乎所有感受和行為的能力。我們可以既負責任且幼稚，我們需要親密也需要距離，我們可以既道德又自私。人與人之間真正的區別通常僅是程度問題。

封閉式和開放式系統

心理學家和社會學家提到了兩種類型的系統——封閉式和開放式系統。封閉式系統是封閉、或抗拒改變的，而開放式系統是開放、允許改變的。當然，如同大多數現象，系統是以光譜的形式存在，因此一個系統或多或少都會具有封閉或開放的性質。

在**封閉式系統**中，角色和規則是僵化的、不變的。封閉式系統尋求維持現狀，即使涉及其中的每個人都很痛苦。我們大多數人都遇到過對自己的關係非常不滿意的夫妻，但雙方都有一長串不可能做出任何改變的理由。封閉式系統強制協調性：若無法遵守系統的角色和規則，就會被迫退出。例如，想像一下，你所任職的動物保護組織的每個人都被強迫過度工作，如果你也如此做，就會被接受和表揚，如果

沒有，你很有可能會被視為不願承擔責任，最終不是被解僱，就是自己會想辭職。

在封閉式系統中的人們之間也存在自然的權力不平衡。有些人更有能力去影響其他人的態度、感受和行為。例如，在傳統的家庭系統中，父親的觀點、情緒和行為比其他人的更具有影響力，例如：「爸爸說話了，討論結束！」或「當爸爸心情不好時，大家都要離他遠一點。」有時，封閉式系統似乎在發生變化，但實際上並沒有，而只是在進行重新配置。例如，一對夫婦當中的一方是功能過度者，另一方為功能不足者。在功能過度者多年抱怨功能不足者的沒用之後，當功能不足者最終開始承擔責任時，功能過度者可能會感到失控、不被需要、並開始成為功能不足者。當酗酒者開始康復，關係中的「看護人」突然會變得迷失方向和沮喪，這種情況並不少見。因此，功能過度—功能不足系統根本沒有真正改變：合作夥伴只是交換角色，相同的互動模式仍持續進行。

在**開放式系統**中則不太會發生兩極化，其中角色和規則會隨著關係及其成員的發展和增長而調整。例如，在一個開放式系統中，當一方決定成為蔬食者時，另一方也會對蔬食者的新生活方式感到好奇和支持，即使他們自己還沒有準備好或想成為蔬食者。

壓迫性系統

我們的關係系統實際上是系統中的系統，是包含於更廣大的宏觀或社會系統中的微觀系統。在這些更廣泛的系統中，包含了有問題的封閉式系統，或「壓迫性系統」，它將潛藏的角色和規則強加在我們身上，以影響我們在個人關係中的運作方式。這些系統如同病菌般，是關係中的入侵者，會在我們無意識的情況下耗損關係的免疫系統。

大多數人都不知道自己正在受到這些系統的影響，所以會在不知不覺中將這些功能失調的互動方式帶入自己的內心和家庭，造成嚴重破壞。我們最終可能會違背自己的真誠一致，降低關係中的安全感和連結感——不是因為我們不道德或漠不關心，僅僅是因為沒有覺察。

這些壓迫性系統是信念系統或意識形態，例如種族主義、性別歧視和肉食主義——後者是會影響我們作為非蔬食者和蔬食者之間，如何相互連結的信念系統。當談到蔬食／非蔬食者關係時，肉食主義通常是主要的入侵者，我們將在下一章深入探討這個系統。然而，所有壓迫性系統都會影響我們許多根深蒂固的信念，它們會影響一切，從我們更認真地看待誰的意見，到認為誰的需求更重要，誰更有權感受和表達憤怒。甚至還決定了我們要教給孩子哪個版本的歷史。

壓迫性系統和權力失衡

壓迫性系統影響關係的關鍵方式是，當我們分屬於系統內的不同群體時，會造成關係之間的權力不平衡。這個系統為我們每個人分配了一個角色，而其中一個角色會比另一個角色擁有更多的權力。我們扮演的角色是由我們所屬的社會群體決定的，例如白人／非白人、男性／女性、蔬食者／非蔬食者等。如果我們屬於主流群體，有時也被稱為「多數」，那麼我們就比屬於非主流或少數群體的人擁有更多的權力。

當然，我們屬於許多群體，每個群體都會影響我們在關係中擁有的權力大小。例如，當你屬於一個主流群體和一個非主流群體，關係中的另一方也是如此時，權力分配就會平衡一點。例如，也許你是男性（主導地位）蔬食者（非主導地位），而你的伴侶是女性（非主導地位）非蔬食者（主導地位）。不過，這並不意味著權力會真正平衡，因為有些角色比其他角色賦予了我們更多的權力。例如，性別對我們擁有權力的影響遠大於蔬食／非蔬食意識形態。我們既無必要也不可能計算我們為關係帶來的確切權力值。只要了解社會系統分配給我們的角色所帶來的關係中基本權力動態的重要性即可。

也許壓迫性系統在人際關係中造成問題的最主要方式是扭曲了我們對現實的看法。當我們在系統中擁有更多權力時，就更能夠讓我們的現實版本被接受並被視為真實，即使它與客觀真理或他人經驗的真理相矛盾。沒人要求這種權力，大多數人也都沒有意識到自己擁有這

樣的權力，然而，它卻影響到我們所有人，除非我們了解其中的權力互動模式，否則將無法解開其對我們生活和人際關係的控制。

壓迫性系統和敘事

敘事（narrative）[譯註]是指根據自己的信念和看法所創造出來的故事；是我們對現實所認知的版本。敘事可以是基於個人經歷或社會條件的結果，是從社會繼承而來的。例如，如果我們有在人際關係中被背叛的個人經驗，就可能會產生「無法信任人」的敘事。如果我們在異性戀社會中長大，我們繼承到的敘事將是：異性戀是正常和自然的，而其他性向是異常和不自然的。如果我們在一個肉食社會長大，我們繼承的敘事就是：吃動物是正常和自然的，不吃動物是不正常和不自然的。

並非所有的敘事都是平等的。有些敘事比其他敘事更有力量，這意味著它們具有更大的份量，並且自動被視為可信度更高，即使它們實際上不見得更站得住腳。這些敘事是**主導性敘事**，或稱**主導性社會敘事**，是在封閉系統中擁有更大權力的個人或社會群體的敘事。

主導性社會敘事是關於社會的敘事，所有群體的成員，包括主導和非主導，在學習和相信這些敘事下長大。例如，異性戀者和非異性戀者都被教導並相信主流的社會敘事，即異性戀是正常和自然的，而

[譯註] 敘事：心理諮商專用語

其他性向是不正常的、不自然的或離經叛道的，這正是同性戀青少年自殺率高的原因之一。非蔬食者和蔬食者也在學習並相信吃動物是正常和自然的環境下長大；我們幾乎從不被鼓勵去思考其他可能性。當我們將自己的敘事強加於他人時，我們是在定義他們的現實，決定對他們來說什麼是真實的，而占主導地位的社會敘事則是被強加給每個人的那些觀念。

我們都接受了主流的社會敘事，並影響了我們的人際關係。結果，許多蔬食者和非蔬食者可能會陷入一場與其說是與他們個人生活方式有關，不如說是與其所參與的更廣泛系統有關的鬥爭。例如，對於健康來說，「吃肉是必要」的主流社會敘事比「吃肉不是健康所必需」的蔬食主義敘事更有影響力，即使真實數據並不支持吃肉的敘事。因此，如果一個非蔬食者和一個蔬食者正在討論這個問題，那麼在更廣泛的社會支持下，非蔬食者的敘事和經歷自然會被視為比蔬食者的敘事和經歷更被認同。激烈的辯論可能會爆發，不僅關於事實，也關於蔬食者感覺他們的意見沒有得到同等重視，以及蔬食者的「偏見」被強加給非蔬食者的感覺。

轉換系統

　　我們所參與的系統具有如此強大的力量，那如果我們希望過上更加平衡和真實的生活，並建立安全、相互連結的關係，該怎麼做呢？系統心理學家哈里特・勒納（Harriet Lerner）說明，為了成為系統的一部分，我們必須和另一個人一起隨著同一首歌起舞，跳出同樣的舞步。[2]如果我們正在跳探戈，就無法與跳華爾茲的舞伴一同起舞。當然，舞步是我們所處的系統的角色和規則。

　　勒納說，如果我們不喜歡自己正在跳的舞蹈，就必須改變舞步，換句話說，我們必須改變我們扮演的角色和遵循的規則。例如，如果你的約會對象在和你同時在餐廳用餐時繼續點肉，即使你已經明確表示看到肉會令你痛心，與其在外出就餐時繼續爭吵和心煩意亂，你可以表明只要有肉，你就不會再去晚餐約會了。如果這段關係是因為你決定尊重自己的界限而結束的，那麼你很可能已經為自己省去了未來的痛苦。若你的伴侶不能或不願意尊重你的需求，無論哪種情況，他們都不是適合你的人。

　　當我們改變舞步時，對方面臨三個選擇：他們可以和我們一起改

2　請在 www.harrietlerner.com 上查看勒納博士的「舞蹈」系列書籍。

變舞步，他們可以把我們拉回到舊的舞步中，或者他們可以停止和我們一起跳舞（即，離開這段關係）。在一個更開放的系統中，對方會接受並朝著健康的方向努力；在一個更加封閉的系統中，他們會試圖恢復現狀，或者可能結束這段關係。

在改變系統時，我們有多大的影響力取決於系統的大小和我們在其中擁有的權力。例如，在一個由兩個人組成的系統中，在所有條件相同的情況下，我們有 50% 的機會去影響這個系統。當涉及到我們相對只占很小比例的社會系統時，我們帶來的轉變顯然不會產生多大影響。但是，每當我們拒絕扮演該角色及遵循不健康系統的規則時，我們都是在抵制而非加強該系統。一般來說，當有足夠多的人改變舞步時，壓迫性系統就會發生變化，這是社會正義運動的目標，例如人民權利或蔬食主義。[3]

隨著我們的成長、變得更加健康，我們可能會影響我們的系統，使之與我們一起成長，或者可能會發現自己不再適合那些曾經參與的系統。雖然看起來只有前者是我們想要的，但其實在這兩種情況下，情況都是雙贏的。家庭系統專家厄尼・拉森（Ernie Larsen）用手錶的比喻來描述從功能失調的系統中成長的經歷：[4]想像你向手錶的內部看去，看到所有的零件都扭曲變形了。然而，它們仍以能夠裝配在

---

3 有趣的是，由於壓迫性系統在某種程度上透過創造讓挑戰者感到羞恥的敘事來維持自己，社會正義運動往往試圖培養他們支持者的自豪感。例如，Black Pride 是一項旨在改變黑人經歷的運動，使他們感到自己有能力去改變使他們受到壓迫的外部權力結構，而今日，Veggie Pride 則致力於讓那些努力改變動物受到壓迫的權力結構的蔬食者的信念和經驗受到重視。

4 Ernie Larsen，《第二階段——康復：超越上癮的生活》（Stage II Recovery: Life Beyond Addiction）（紐約：HarperCollins，1986 年）。

一起的方式變形，因此手錶實際上可以發揮作用。如果你移除其中一個部件並重新塑造它，使其回復正常，它將不再能夠適應它曾經能夠符合的扭曲系統。我們所屬的系統也是如此。因此，僅僅因為我們不再適合某些系統，並不一定是出現問題的跡象，反而可能是有些事情的方向走對了。

Chapter 5

肉食主義
蔬食／非蔬食者間的隱形入侵者

　　在經典電影《駭客任務》中，角色們相信自己過著正常的生活，而事實上，他們與那些囚禁了他們和幾乎所有人類思想的機器相連。他們看到、感覺到和感知到的只是一個模擬現實，這是為了防止他們反抗那些使用他們的體溫作為能源的機器。只有當角色將自己從「矩陣」（the Matrix）中抽離時，他們才能解放思想並看到真實的現實。當他們重新獲得思想自由時，他們也重新獲得了選擇的自由，他們不再被動地為其他更強大的族群的暴力利益服務，而是選擇按照他們的個人價值觀來行事。他們拒絕支持以剝削為基礎的系統，並為全人類爭取正義和自由。

肉食主義：吃肉的心態

當我們生於肉食文化的環境，如同出生在一個以一種與「矩陣」驚人相似的方式來制約我們思想的系統。這個系統是一個信念系統，它是無形的，以至於我們沒有意識到我們是如何習慣於以違背自己和他人利益的方式思考、感受和行動。我們沒有意識到自己承襲了一種心態，這種心態隔絕了我們和他人經歷的真相。更重要的是，這種心態具有內建的防禦機制，使其特別難以被闡明或挑戰。

這個系統被稱為**肉食主義**（Carnism）。肉食主義是一種無形的信念體系或意識形態，造成我們會去吃某些特定的動物。肉食主義是一個封閉或壓迫性的系統，就像我們在第 4 章中討論的那樣。它也是一個主導系統，這意味著它是如此普遍，以至於我們甚至根本不會將其視為一個信念系統，就好像我們深深沉浸在肉食的海洋中，以至於沒有意識到自己在水面之下。

肉食主義與蔬食主義相反，但由於肉食主義是無形的，我們沒有像描述蔬食主義那樣，給它貼上標籤。我們傾向於認為只有蔬食者（和奶蛋蔬食者）才會把他們的信念帶到餐桌上。但是，當吃動物不是必要時，這對當今世界上的許多人來說則成為了一種選擇，而選擇

總是源於信念。[1]大多數人吃豬而不吃狗，正是因為我們確實有一個關於吃動物的信念體系，當吃動物時，我們根本沒有意識到自己有選擇，因為我們沒有意識到肉食主義。

只有當意識到肉食主義，我們才能重新獲得選擇的自由；沒有意識，就沒有選擇的自由。有了意識，我們最終可以做出與他人和自己連結，而非疏離的選擇。

關係中的第三方

在蔬食／非蔬食者關係面臨的所有挑戰中，肉食主義可能是最嚴峻的一個。肉食主義對非蔬食者和蔬食者都有深遠的影響，它往往是導致長期困惑、沮喪和疏離的原因。肉食主義扭曲了我們的感知，隔開了我們與自己的感覺，並阻止我們進行理性思考或做出富有同情心的行為。

肉食主義是人際關係中的隱形入侵者，是破壞我們關係的第三者，它用緊張和混亂取代了我們的安全和連結感。肉食主義使我們的

1　關於吃動物的選擇，最值得注意的例外是那些在經濟上或地理上無法自由選擇食物的人，對他們來說，吃動物通常是必要的。

關係變得三角化。**三角關係**（Triangulation）是心理學家用來描述在兩個人的關係中添加了第三個破壞性元素所產生的動態的術語。

該元素可以是另一個人（例如一對夫妻中的其一有外遇時），上癮或任何以負面方式改變兩人動態的力量。肉食主義在我們的關係中是如此強大的力量，它把夥伴關係變成了一個三角關係——我們、他者和肉食主義之間的關係。

肉食主義的悖論

我們大多數人從未想過為什麼我們只吃某些而不吃其他動物。我們可能一輩子都不會問為什麼我們覺得牛肉很好吃，但狗肉卻很噁心，或者為什麼我們感覺與家裡的貓有連結，而卻對變成我們晚餐的豬或雞無感。在某種程度上，我們大多數人都知道，狗和牛、貓和豬之間並沒有那麼大的區別。那麼是什麼讓我們的心對一種動物敞開，而對另一種動物卻關閉了呢？

原因就是肉食主義。肉食主義創造了一種自相矛盾的心態。我們會因為吃某些動物而感到內疚，但卻以吃其他動物為樂。面對動物受苦的畫面時，我們會感到畏縮，但我們可能一天會吃掉他們好幾次。

我們愛狗吃豬，但卻不知道原因為何。

因為社會上幾乎每個人都有這種自相矛盾的心態，所以它被認為是正常的，因此我們很少（如果有的話）停下來反思。我們不被鼓勵去反思：從小到大，沒人問我們是否想吃動物，我們對吃動物的感受，我們是否認為吃動物這件事是對的——儘管這種日常做法具有深刻的道德維度和個人影響。吃動物只是「本來就那樣」。事實上，即使有機會，我們也不被鼓勵去反思食物選擇：當孩子們發現他們碗裡的肉來自動物時，常常會感到痛苦，而他們身邊的成年人不得不誘使他們重新接受肉食主義。當一個看法是如此普遍時，無論多麼不合理，它都會被輕易地接受為既定事實，並且不受挑戰。

當談到吃動物時，我們習慣於不進行自我反省，因為如果這樣做了，我們很可能會質疑建立畜牧業的整個系統。我們大多數都是理性的人：我們希望根據有意義的事情做出選擇，而不僅僅是被教導要相信的事情。我們大多數人都關心動物，不會想讓牠們受苦，尤其是當這種痛苦是如此強烈，並且完全沒有必要的時候。因此，肉食主義需要理性、有愛心的人支持非理性、有害的做法，卻不知道自己在做什麼，並在被要求反思自己的食物選擇時採取防衛姿態。

肉食防禦機制

因為肉食主義與人類的核心價值觀（如具有同理心以及正義）背道而馳，它需要使用心理防禦機制、造成心理扭曲，讓我們在心理和情感上與吃動物的真實經歷脫節。例如，這些肉食防禦機制使我們將漢堡視為食物，而不是曾經活著的動物，因此感到胃口大開而非厭惡漢堡。如果漢堡是用狗肉做的，我們的感知和感受就會大不相同，因為在談到吃狗等「不可食用」的動物時，我們還不習慣於隔絕真實的想法和感受。肉食防禦機制使我們能夠支持對動物的不必要的暴力行為，而不會感到道德上的不適。換句話說，因為我們天生對動物有同理心，不希望牠們受苦，所以肉食主義必須提供一套工具來推翻我們的良知，即我們天生具有的抗拒，以便我們能支持一種自己可能認為會帶來強烈侵犯的系統。

否認：不看，不聽，不說

肉食主義的主要防禦機制是否認：如果我們否認問題的存在，那麼就不必對此採取任何行動。否認主要透過隱形的方式來進行。肉食主義保持隱形的一種方法是保持匿名。如果我們不為它命名，那麼吃

動物就只是一種既定、道德中立的行為，沒有信念體系的基礎。如果我們看不到這個系統，那麼就不能質疑或挑戰它，也不會意識到在吃動物這方面我們是否具有選擇。

肉食主義也通過將相關受害者隔在視線之外，使其能輕鬆遠離公眾意識範圍，從而保持隱形。例如，在短短一周內，被殺死的養殖動物比人類歷史上所有戰爭中死亡的總人數還多，牠們的身體部位幾乎無處不在，但我們幾乎從未見過這些動物活著的樣子。[2]養殖的動物遭受了幾乎無法想像的命運。例如，牠們被強制懷孕和閹割，牠們的喙、角和尾巴被切斷，所有的處置都沒有伴隨任何止痛機制。[3]絕大多數養殖動物一生都被關在沒有窗戶的棚子裡，有時甚至被關在很小的板條柵欄裡，幾乎無法動彈，在清醒的情況下被割喉或被活活丟入

---

2   有關 2011 年全球被殺死的動物數量，請參見 Christine Chemnitz 和 Stanka Becheva 編輯的《Meat Atlas: Facts and Figures About the Animals We Eat》（Berlin, Germany: Heinrich Böll Foundation and Friends of the Earth Europe, 2014），15。書名暫譯《肉食輿圖：關於我們食用動物的事實和數據》。關於在戰爭中喪生的人數，請參見 Chris Hedges所著，《What Every Person Should Know About War》（New York: Free Press, 2003），1，書名暫譯《關於戰爭每個人都應該知道的事情》。

3   參見 "Castration of Pigs: Livestock Update, January 2008," Virginia Cooperative Extension, Virginia State University, http://www.sites.ext.vt.edu/newsletter-archive/livestock/aps-08_01/aps-0111.html; Eleonora Nannoni, Tsampika Valsami, Luca Sardi, and Giovanna Martelli, "Tail Docking in Pigs: A Review on Its Short- and Long-Term Consequences in Preventing Tail Biting," Italian Journal of Animal Science 13, 1（2014）; Jacquie Jacob, "Beak Trimming in Poultry in Small and Backyard Poultry Flocks," May 5, 2015, http://articles.extension.org/pages/66245/beak-trimming-of-poultry-in-small-andbackyard-poultry-flocks; American Veterinary Medical Association, "Literature Review on the Welfare Implications of the Dehorning and Disbudding of Cattle," July 15, 2014, https://www.avma.org/KB/ Resources/LiteratureReviews/Documents/dehorning_cattle_bgnd.pdf.

滾水中的情況亦不少見。[4]

但成為我們食物的動物與我們認為是朋友和家人的動物，並沒有太大區別。例如，研究顯示，豬比狗更聰明（有人說牠們甚至和三歲小孩一樣聰明），牠們甚至會對他人表現出同情。[5]雞通常被當作寵物飼養，他們能夠學習辨識自己的名字並與人建立密切聯繫。最近的研究指出，他們在認知和社會方面比我們以前認為的更複雜。[6]

科學家們發現，雞甚至表現出利他行為——牠們會冒著生命危險保護其他的雞免受傷害。乳牛會發展出「死黨友誼」，並在和與之有連結的其他牛分開時會變得緊張。[7]最近的研究表明，某些魚類和甲殼類動物具有疼痛感受器及智力，因此在世界上某些地方傷害這些動物是非法的。[8]肉食主義仰賴於我們否認這些個體所承受的巨大痛

4　參見Elaine Dockterman, "Nearly One Million Chickens and Turkeys Unintentionally Boiled Alive Each Year in U.S.," Time, October 29, 2013, http://nation.time.com/2013/10/29/nearly-one-millionchickens-and-turkeys-unintentionally-boiled-alive-each-year-in-u-s/, and Gail A. Eisnitz, Slaughterhouse: The Shocking Story of Greed, Neglect, And Inhumane Treatment Inside the U.S. Meat Industry（New York: Prometheus Books, 2007）.

5　參見Lori Marino and Christina M. Colvin, "Thinking Pigs: A Comparative Review of Cognition, Emotion, and Personality in Sus domesticus," International Journal of Comparative Psychology 28（2015）, http://animalstudiesrepository.org/cgi/viewcontent.cgi?article=1042&context=acwp_asie.

6　參見J. L. Edgar, J. C. Lowe, E. S. Paul, and C. J. Nicol, "Avian Maternal Response to Chick Distress," Proceedings of the Royal Society B 278（2011）: 3129–34.

7　參見K. M. McLennan, "Social Bonds in Dairy Cattle: The Effect of Dynamic Group Systems on Welfare and Productivity," PhD diss., University of Northampton, 2013.

8　參見 C. Brown, "Fish Intelligence, Sentience and Ethics," Animal Cognition 18, 1（2015）: 1-17, 以及 Jonathan Balcombe, What a Fish Knows: The Inner Lives of Our Underwater Cousins（New York: Scientific American / Farrar, Straus and Giroux, 2016）

苦，因為若不否認，我們可能很難繼續吃牠們。

合理化：吃動物是正常、自然和必要的

另一種肉食主義的防禦機制是合理化。肉食主義透過讓我們相信肉、蛋和奶製品的迷思，來讓我們將食用動物這件事正當化。關於吃動物的迷思有很多，但都屬於「三大合理化理由」：吃動物是正常、自然且必要的。當然，這些同樣的迷思也被用來為整個人類歷史上的暴力行為辯護，從奴隸制到男性主導。

● 吃動物是正常的

吃動物是一種社會規範，一種被認為是社會可接受和合法的行為。社會規範迫使人服從：當我們順從它時，生活會更輕鬆，我們也會被認為是「正常人」。例如，如果吃動物，無論我們走到哪裡都不怕找不到食物，我們會被視為和其他人一樣，是占主導地位的群體的一部分，屬於絕大多數。但我們所說的「正常」只是主流文化的信念和行為。隨著社會的發展，社會規範會隨著時間而變化。例如，把非洲人當奴隸和用石頭砸被懷疑不忠的婦女，曾經被認為是正常和可以接受的。

因為肉食主義是一種社會規範，所以我們看不到這個系統的不合理性：當每個人都在做某件事時，很難看出這件事可能毫無道理。例如，許多好心人支持「人道」（有時稱為「有機」或「天然」）肉的概念。為了不支持虐待動物，這些人願意花更多的錢；他們用手中的

金錢投票，希望對系統產生積極影響。但是，當我們走出肉食主義的小盒子時，「人道」動物食品的想法就變得不合理了：我們大多數人會認為僅僅因為人們喜歡牠腿的味道，就屠宰一隻快樂、健康的黃金獵犬是殘忍的事，然而當同樣的事情也發生在其他物種的個體身上時，我們只被告知這是「人道的」。因為肉食主義是如此正常，我們沒有意識到「人道肉」是一個矛盾的術語。「人道」動物產品的概念，實際上是肉品業為了維持利潤而創造出來的公關策略；絕大多數「人道」生產的動物都遭受了極度的痛苦，不僅在其死亡之時，而是也包括了牠們的日常生活。

肉食主義在全球都已被正常化。在世界各地的肉食文化中，人們傾向於只吃那些他們已經歸類為可食用的物種。其餘的物種則被歸為不可食用，若食用會被認為噁心（例如中東的豬），甚至是不道德的（例如在美國吃狗和貓，或在印度吃牛）。所有文化的成員都傾向於認為自己對可食用動物的分類是合理的，並認為其他文化的分類令人作嘔和／或令人不快。因此，雖然消費的物種類型因文化而異，但人們對吃動物的經歷，在不同肉食文化中卻是相似的。

● 吃動物是自然的

我們學到所謂的「自然」，其實只是主流文化對歷史的解讀。就肉食主義而言，「自然」反映的不是人類歷史，而是肉食歷史。換句話說，我們是從肉食觀點去學習歷史。

當我們從肉食主義的角度去看歷史時，我們學會了只回顧利用某個較有用的片段，來合理化當前的肉食行為。例如，我們沒有採用我

們最早的祖先（他們吃植物）作為如何定義人類自然飲食的參考點，而是關注他們的後代，那些食肉者。[9]儘管謀殺和強姦事件至少與人們吃動物一樣長期存在，因此也是自然的，但我們永遠不會因這些做法存在已久，而在現代將它們合理化。

近年來，吃動物是自然的理由更被強化了，即在地生產的食物構成了最自然（和可持續）的飲食——動物產品是這種飲食的重要組成部分。然而，關於人類營養的研究反駁了這一說法。[10]

在地可持續肉食主義的支持者經常爭辯說吃動物是自然（或不吃動物是不自然）的另一種方式，是指出狩獵是一種廣泛而長期的做法，現代食品的生產方法已經將我們從（自然的）殺戮過程中移除了，導致我們對傷害動物變得過度敏感。這個論點的主要問題是，它假設不想傷害他人是一件壞事，對暴力的敏感性是不自然的，因此是負面的。蔬食者被視為熱愛動物的感傷主義者，他們生活在城市中，與自然世界脫節。雖然大多數人，無論是蔬食者還是非蔬食者，確實

9　參見Rob Dunn, "Human Ancestors Were Nearly All Vegetarians," Scientific American Guest Blog, July 23, 2012, https://blogs.scientificamerican.com/guest-blog/human-ancestors-were-nearly-allvegetarians/.

10　參見如 N. Wright, L. Wilson, M. Smith, B. Duncan, and P. McHugh, "The BROAD Study: A Randomised Controlled Trial Using a Whole Food Plant-Based Diet in the Community for Obesity, Ischaemic Heart Disease or Diabetes," Nutrition and Diabetes 7, 3（2017）: e256; Philip J. Tuso, Mohamed H. Ismail, Benjamin P. Ha, and Carole Bartolotto, "Nutritional Update for Physicians: PlantBased Diets," The Permanente Journal 17, 2（2013）: 61–66; "Position of the Academy of Nutrition and Dietetics: Vegetarian Diets," Journal of the Academy of Nutrition and Dietetics 116, 12（December 2016）; the works of Dr. Michael Greger at nutritionfacts.org; and Winston J. Craig, "Health Effects of Vegan Diets," American Journal of Clinical Nutrition 89, 5（May 2009）: 1627S–33S.

不再接近飼養和殺死動物的過程，因此對這個過程更加敏感，但我們大多數人也不再會看見公開絞刑或決鬥殺戮遊戲，因此對傷害其他人類變得更加敏感。

因為我們天生就對他人具有同理心，所以改變的不一定是我們對動物的痛苦變得「敏感」，而是我們不再對這件事「不敏感」。如果將同理心、同情心和公平視為需要培養而不是去跨越的品質，我們將更有可能創造出我們都希望能生活在我們想要的世界。

● 吃動物是必要的

常常，我們認為必要的，其實只是維持主流文化所必需的。確實有必要繼續吃動物以維持肉食主義文化，但對於我們這些在地理上或經濟上能夠自由選擇食物的人來說，沒有必要為了生存或健康而吃動物。如今，有大量證據指出，不含肉的飲食可以非常健康，在許多情況下，它們甚至可能比肉食更健康。[11]雖然營養學家過去認為動物蛋白是增強肌肉力量所必需的，但我們現在知道植物蛋白在許多方面更勝一籌。[12]事實上，越來越多的職業運動員正在選擇植物性或純蔬食

11　請參閱對頁註釋 9 中提到的來源。

12　參見如 Chesney K. Richter, Ann C. Skulas-Ray, Catherine M. Champagne, and Penny M. KrisEtherton, "Plant Protein and Animal Proteins: Do They Differentially Affect Cardiovascular Disease Risk?" Advances in Nutrition 6（November 2015）：712–28; Mingyang Song et al., "Association of Animal and Plant Protein Intake with All-Cause and Cause-Specific Mortality," JAMA Internal Medicine 176, 10（2016）：1453–63; and T. Colin Campbell and Thomas M. Campbell II, The China Study: The Most Comprehensive Study of Nutrition Ever Conducted and the Startling Implications for Diet, Weight Loss and Long-Term Health, rev. ed.（Dallas, TX: BenBella Books, 2016）.

飲食，以提高運動表現並優化健康。（地球上一些最強壯的動物，比如大象和犀牛，也是草食動物。）

社會肉食主義

　　肉食主義是制度化的，這意味著它得到了所有主要社會機構的支持和推動，包括醫學、法律、教育和商業。換言之，肉食主義已融入社會結構，塑造規範、法律、傳統和我們的生活方式。當一個系統被制度化時，它的信念和實踐會被認定為事實而非看法，並被廣為宣傳，而且會被毫無疑問地接受。例如，同性戀曾經被醫學和精神病學界歸類為一種精神疾病：同性伴侶不被允許結婚，異性戀被認為是正常、自然、必要的且適用所有人的生活方式。吃動物同樣得到社會機構的支持：儘管數據指出這些產品對健康沒有必要，而且實際上通常對健康有害，但醫生和營養學家也在提倡吃動物；養殖動物在法律上被歸類為財產，因此在法律上不可能為其權利辯護；當然，吃動物被認為是正常、自然和必要的。

　　當我們生在肉食主義這樣的制度化系統中時，我們根本看不見系統偏誤，所以我們沒有意識到，例如，那些研究營養學的人實際上是

研究肉食主義的營養學。我們將系統的邏輯內化，將其吸收為我們自己的。換句話說，我們學會了透過肉食主義的濾鏡來看待這個世界。

心理學上的肉食主義

肉食主義使用了一系列扭曲感知的防禦措施，以使我們在心理和情感上與我們認定為是食物的動物保持距離。例如，肉食主義教我們將養殖動物視為物品，因此我們將感恩節拼盤上的火雞稱為一個物品，而不是一個生命。肉食主義還教我們將養殖動物視為抽象事物，缺乏個性或性格，例如，我們相信豬就是豬，所有的豬都是一樣的。肉食主義教我們在腦海中將動物分類，這樣我們就可以對不同的物種懷有非常不同的感受，並做出非常不同的行為：狗和貓是家人，雞和牛是食物。

從荒謬到暴行

　　當我們從肉食主義的角度看世界時，我們看不到這個制度的荒謬之處。例如，我們看到一頭豬拿著一把屠刀，興高采烈地在自己要被烹煮的火坑上跳舞的廣告時，我們不會惱怒，而是無視。我們接受那些從殺死動物中獲利的公司的說法，即他們隱蔽工廠中的動物是不會受到傷害的，儘管事實上，人民進入這些建築物，甚至遠距離拍照，通常會觸法。〔譯註1〕

　　正如伏爾泰曾明智地說：「信仰謬誤必犯下暴行。」肉食主義只是眾多暴行及暴力意識的其中之一，是人類歷史上令人遺憾的部分。雖然受害者的經歷不同，但系統本身卻是相似的，因為驅使這類暴行的心態是相同的。我們並未創造出這種心態，而是繼承了它。當我們認識到肉食主義的本質時，就會明白吃動物不僅僅是個人道德問題：它是壓迫系統的必然結果。

〔譯註1〕在臺灣，目前尚無禁止民眾拍攝屠宰場之專用法律條文。

蔬食主義（維根主義 Veganism）： 肉食主義的反制系統

當足夠多的人走出由壓迫性制度創造的模型並開始質疑和挑戰它時，社會進步就會發生。最終，反制的信念體系將會形成，並演變為一場社會正義運動。當然，壓迫性系統會反擊，這類系統一向抵制變革。當回顧歷史時可以看到，我們現今接受的許多合理、道德和對正常運轉的社會至關重要的信念曾被摒棄、不受重視、被視為笑柄，甚至遭到暴力敵對。例如，有色人種光顧與白人相同的店家機構或女性就讀大學，亦曾被認為可笑和令人不快。

多年來，隨著越來越多人開始質疑肉食主義，一種新的、反制的信念系統，也就是蔬食主義，出現並演變成今天的社會正義運動。蔬食主義運動旨在使肉食主義的模型失效，以便讓所有社會成員都能做出符合自己最大利益，以及動物和環境最大利益的選擇，當有足夠多的人對肉食主義背後的真相敞開心胸時，這項運動就會成功。

儘管大多數人的內心和思想都與蔬食主義保持一致──他們關心動物、也希望能過上更健康的生活──但大多數人也不願聽見關於肉食主義的真相。這是因為肉食主義使我們抵制那些能將我們從肉食主

義模型中拉出來的關鍵資訊。它能做到這一點的方法之一，是讓我們抵制帶給我們這些訊息的人，也就是蔬食主義者。肉食主義讓我們深信關於某群人的一大堆迷思和刻板印象——這些人的唯一目的是要爭取我們對一個非理性和暴力的信念體系的注意——因而我們能夠再次主張自我思想和選擇的自由。所以我們最終會反對那些我們本來可能會很自然視為盟友的那些人。

次要防禦機制

為了繼續存活，肉食主義必須確保它比蔬食主義運動更為強大，如此一來權力的天平就不會傾斜。肉食主義在某種程度上透過我們討論過的防禦機制來維持這種權力不平衡的現象，是**主要防禦機制**（primary defenses）。

主要防禦機制證實了肉食主義：它們鼓勵我們相信吃動物是正確的做法。肉食主義還使用另一套防禦措施，即**次要防禦機制**（secondary defenses），使蔬食主義不被正視：它們鼓勵我們相信不吃動物是錯誤的做法。次要防禦機制透過使蔬食運動、蔬食者和蔬食主義意識形態或信念不被正視而使蔬食主義失去立足點。

次要防禦機制就像主要防禦機制一樣，是內化的，這意味著它們在我們沒有意識到的情況下塑造了我們的感知。通常，即使是蔬食者也至少內化了其中一些防禦措施，這可能導致他們感到困惑、沮喪和絕望。有鑑於肉食主義對一些我們最深刻的看法和最常見的行為產生了巨大的負面影響，而非蔬食者和蔬食者在很大程度上都沒有意識到這種影響，故幾乎不可能在當我們的關係中有一位是蔬食者，而另一位不是時，能夠避免誤解、對抗和疏離。

次要否認

一種次要防禦機制，**次要否認**，讓我們否認蔬食主義是一種應受到正視的信念體系，蔬食主義運動是一種應受到正視的社會正義運動。例如，我們相信蔬食主義是一種趨勢，甚至是一種邪教，而蔬食運動者只是一小群想將自己的信念強加於他人身上的激進分子和嬉皮。否認掩蓋了這樣一個事實，即蔬食運動與其他主要的社會正義運動是基於相同的原則，並且是當今世界上發展最快速的社會正義運動之一。

次要否認在邏輯上源於主要否認機制 —— 在一開始就不去承認任何占主導地位的信念體系。次要否認讓我們相信，既沒有主導群體（非蔬食者）也沒有非主導群體（蔬食者）。換句話說，非蔬食者和蔬食者之間的權力不平衡是無形的。（正如我們在第 4 章中所討論的，主導群體的成員自然而然地比非主導群體的成員擁有更多的權力。）

● 肉食相關敘事

不平衡的肉食主義力量是源於肉食相關敘事。正如我們在第 4 章中所討論，敘事是我們所相信關於自己、他人和／或世界的故事。主導敘事是我們從出生時環境的主導系統所繼承的故事。這些敘事反映並強化了系統的信念，它們比其他信念的敘事更有力量，這意味著它們自動被視為更可信、更受重視，即使它們並不那麼精確。因此，例如，相信吃動物是正常、自然和必要（主流）的肉食敘事的非蔬食者，會自動被認定為比挑戰該敘事的蔬食者更為可信。

非蔬食者並未要求去擁有這些權力，他們（或蔬食者）甚至通常都沒有意識到自己確實擁有這些權力。然而，這並未改變一個事實：即這種權力不平衡的狀況確實存在，並且它對蔬食／非蔬食者間的關係產生了極為重大的影響。

● 肉食主義的敘事和對需求的認知

儘管諸如氣質和個人歷史等多種因素會影響我們如何理解需求，但主導敘事也發揮了重要作用。在壓迫性系統中，我們會將自己的需求視為太過重要（當我們比另一方擁有更大的權力時），或者不夠重要（當我們擁有的權力比另一方少時）。

肉食主義敘事教導我們要更關注非蔬食者的需求，而不去關注非蔬食者的需求。例如，一位蔬食者向他們的非蔬食晚餐夥伴建議了一家蔬食餐廳，很常見的是，非蔬食者會告訴他們「那裡沒有我可以吃的東西」，就好像他們不吃、也不能吃沒有肉的食物。然而，同一位

非蔬食者可能會認為，蔬食者在蔬食選擇非常有限（如果有的話），而且會接觸到令他們不安的動物食品的餐廳用餐是恰當的。非蔬食者甚至可能會因為蔬食者對其「不公平」而感到被占便宜及感到憤怒。

當我們認為自己的需求不夠重要時，可能會在一開始就難以辨識出它們。即便確實發現了自己的需求，也可能因為擔心對方會以憤怒回應並認為我們要求太多，而難以將需求表達出來。如果我們仍然表達出了自己的需求，最終可能會感到內疚和羞愧，並相信對方的說法，即我們所要求的東西是不應該也不公平的。我們會感到憤慨，因為我們在某種程度上知道關係中存在著權力不平衡，而我們處於較為弱勢那端。

例如，蔬食者要求將感恩節火雞放在與餐廳不同的房間裡，是常見的共同經歷。通常，蔬食者不希望看到會毀掉整個假期、令人不安的景象，這不被認為是一個應受重視的請求，反而是不公平的要求。蔬食者對情緒安全感的需求被視為不如非蔬食者對傳統餐桌佈置的需求重要。蔬食者經常因簡單的要求帶來「不便」而向主人道歉，例如將尚未切開的肉放在分開的房間裡、一兩道沒有動物產品的菜餚、或者把沙拉的起司分開放，讓純蔬食者也可以吃。

肉食主義的敘事也使我們將蔬食者為了滿足自己的需求所發出的請求視為強加控制，而非中立的訴求。例如，當一個蔬食者要求家裡不要放肉，與其認為這可能是一個值得討論的重要需求，以便為雙方找到適合的解決方案，非蔬食者通常認為這是在嘗試控制他們。然而，非蔬食者堅持在家吃肉，卻很少被視為控制欲強。同樣地，以蔬

食養育孩子的父母被視為將蔬食主義強加給孩子，而非蔬食者則從未被視為將肉食主義強加於孩子身上。

當然，我們通常可以認同父母自然而然地會根據自己的信念來撫養孩子，這也是為何我們不會期望基督徒把孩子培養成無神論者，或者民主黨人把孩子培養成共和黨人。此外，無論蔬食者如何表達他們的想法，通常最終仍會被視為控制欲太強：不是直接控制，就是間接操縱。

● 肉食主義敘事和對憤怒的認知

因為憤怒是驅使人們挑戰不公的情緒，所以它對基於不公的系統構成威脅。如果有足夠多人接觸到這些系統並能夠表達他們對這些系統的憤怒，這些系統就會變得不穩定。因此，占主導地位的敘事需要扭曲我們對憤怒的看法。

當挑戰壓迫性系統的人表達他們的憤怒時，通常會被認為比實際的憤怒強烈得多，因為系統對針對它的憤怒的容忍度很低。此外，表達憤怒的人通常被描述為「憤怒者」而不是「一個感到憤怒的人」：重點被放在個人的內部問題，而非引起他們憤怒的外部環境。例如，當女性討論性別歧視時，最輕微的憤怒往往被視為一種具侵略性的攻擊，女性被貼上「婊子」或更糟的標籤，使她們的憤怒看起來像是她們性格的一個問題，而非反應不公正的合理情緒。同樣地，當蔬食者表達他們對大規模剝削動物的憤怒時，通常被認為是「歇斯底里的」，他們的評論，比起人權運動者表達對社會普遍不接受的某種形式之人類剝削的憤怒，往往更大程度地被從負面角度看待。

肉食主義敘事與觀點認知

　　肉食主義的敘述使我們假設非蔬食者的意見比蔬食者的意見更為重要，當存在分歧時，舉證責任通常由蔬食者承擔。例如，蔬食者通常比非蔬食者更了解蔬食主義——就像男同性戀、女同性戀和跨性別者通常比順性別者[譯註2]更了解性別問題一樣。然而，當蔬食主義的話題出現時，非蔬食者可能會激烈地反對蔬食者，聲稱蔬食者對他們自己信念體系的主要思想和實踐是錯誤的。此外，當蔬食者分享有關營養、食物和飲食的訊息時，通常會被視為有偏見，而非蔬食者的意見則被認為是中立的。必須證明自己的理解是正確的人是蔬食者，而不是非蔬食者。

肉食主義敘事與偏見

　　當我們沒有了解到蔬食者是一個非主導群體時，我們可能看不到他們也許遭受著肉食主義偏見——對他們的負面和先入為主的假設，所造成的不公平待遇。例如用貶低的方式取笑蔬食者很「不幸」，是很普遍的現象。在大庭廣眾下聽到攻擊蔬食者的信念或性格的貶義笑話是非常常見的現象。這樣的笑話可能是，從上牛排時發出「哞~」的聲音到稱蔬食者為「小鹿斑比愛好者」。[譯註3]如果蔬食者不笑，就會被視為沒有幽默感，這強化了對過於聖潔、過於嚴肅的道德倡導者的負面刻板印象。對於許多其他非主導群體的成員，這種行為是不

〔譯註2〕個人性別認同與出生時生理性別相同的人。
〔譯註3〕指此人有愛心，等同於很弱、沒有氣概。

可想像的。然而，肉食主義的隱蔽性使蔬食者和非蔬食者都無法看到這種偏見行為是多麼麻木不仁。

投射：瞄準（蔬食的）訊息傳遞者

也許最常見的次要防禦機制是投射——向蔬食者投射負面和不精確的想法，使其傳達的訊息無效。[13]投射是瞄準訊息傳遞者的一種形式：如果我們擊落了訊息傳遞者，就不必認真對待他們帶來的訊息。

投射通常透過對蔬食者的負面刻板印象來表達。當相信這些刻板印象時，我們不僅會更抵制蔬食者分享的訊息；也更不可能與生活中的蔬食者感覺連結。刻板印象將人們簡化為單一面向的角色；使人們的關聯性降低，並突顯出消極負面的面向。例如，如果一位非蔬食者的伴侶轉變為蔬食者，而這位非蔬食者具有「蔬食者是非理性動物愛好者」的刻板印象，他甚至會在她有機會分享自己的意見之前，就對他的伴侶進行評判。他的評判，或他對蔬食伴侶試圖告知關於她經歷和想法的抵制，可能會讓她變得更加情緒化，因為現在她感到被忽視和不被傾聽而受到傷害。刻板印象也會使我們假設此刻板印象群體中的所有人都是相似的（例如，蔬食者就是蔬食者，所有的蔬食者都是一樣的），所以我們不會去欣賞此刻板印象群體的成員，也可以像主流群體成員那樣地具有多樣性。

---

13 儘管肉食主義投射有時涉及將無意識的衝動或品質投射到另一人（或其他人）身上，但這部分並非指嚴格的佛洛伊德意義上的投射。

蔬食者也內化了一些負面的蔬食刻板印象，並且會對這些刻板印象做出反應，從而導致他們的關係出現問題，例如，許多蔬食者相信他們是「過度敏感」的刻板印象。蔬食者可能會為他們對動物痛苦的敏感性感到羞恥，因此隱藏或淡化他們的情緒，沒有認識到他們的難過、悲傷和憤怒，實際上是對肉食主義暴行的正常、健康和適當的反應。肉食主義使人們感到麻木和冷漠的問題要嚴重得多。

　　當談到動物的痛苦時，這個世界需要更多的情感關懷，而非更少。當任何人 —— 無論是蔬食者還是非蔬食者 —— 覺得他們必須向與關係中的人隱瞞自己的感受和想法時，連結就變得不可能了。

　　認為蔬食者過度敏感的刻板印象也是肉食主義抹黑蔬食主義訊息的有力方式。過度情緒化的人，根據定義是指：不理性，而不理性的人不值得被傾聽。也許不足為奇的是，同樣的刻板印象也被用來詆毀那些挑戰其他壓迫性制度的人：非洲奴隸制廢除主義者被稱為「感傷主義者」，而為婦女投票權奮鬥的女權主義者被描繪為歇斯底里。

　　有時，蔬食者被定位為反人類。這種刻板印象主要基於這樣的假設：即人們不能同時對人類和動物產生同理心，儘管通常情況正好相反：同理心會產生更多同理心。我們在生活中允許自己越有同理心，整體上可能感受到的同理心就越多。

　　由於畜牧業不僅剝削動物，還剝削人類和環境，因此成為蔬食者

是同時減輕多種形式傷害的一種方式。[14]將蔬食者定位為反人類是減少蔬食者對肉食主義威脅的有效方法：如果很多人認為自己受到蔬食者的反對，那麼蔬食運動肯定不會吸引足夠的支持者來削弱該系統。

另一個投射是關於「全能蔬食者」，期望蔬食者能夠而且應該實現一個不可能的理想生活。例如，當討論到蔬食主義時，蔬食者被期望能回答所有關於肉食主義問題的答案，變成農業經濟學專家（「如果所有工廠都關門了怎麼辦？」）、環境生物倫理學家（「我們如何在沒有動物糞便的情況下給農作物施肥？運輸當地買不到的農產品所需使用的化石燃料的問題呢？」）、動物倫理學家（「使用人道方法宰殺動物如何？」）、歷史學家（「但我們不是透過吃肉而增進了大腦發展嗎？如果停止吃動物，我們會變得愚蠢。」）等。當蔬食者無法回答對方提出的所有問題時，他們的整個意識形態就會受到質疑。

同樣地，蔬食者也被期望永遠不會生病。例如，當蔬食者感冒時，第一個假設通常是他們是因飲食而生病，但當非蔬食者心臟病發

---

14 參見如Human Rights Watch, Blood, Sweat, and Fear: Workers' Rights in U.S. Meat and Poultry Plants（New York: Human Rights Watch, 2004）, https://www.hrw.org/sites/default/files/reports/usa0105.pdf; Lance Compa and Jamie Fellner, "Meatpacking's Human Toll," Washington Post, August 3, 2005; Timothy Pachirat, Every Twelve Seconds: Industrialized Slaughter and the Politics of Sight（New Haven: Yale University Press, 2011）; Robert Goodland and Jeff Anhang, "Livestock and Climate Change," World Watch Magazine, November/December 2009, 10–19; Henning Steinfeld, Pierre Gerber, Tom Wassenaar, Vincent Castel, Mauricio Rosales, and Cees de Haan, Livestock's Long Shadow: Environmental Issues and Options（Rome: FAO, United Nations, 2006）; David Pimentel et al., "Water Resources: Agricultural and Environmental Issues," BioScience 54, 10（2004）: 909–18; and R. Sansoucy, "Livestock: A Driving Force for Food Security and Sustainable Development," World Animal Review 84/85（1995）: 5–17.

作時，第一個假設通常是他們有不好的基因。蔬食者也必須實現不可能的道德理想，例如，如果蔬食者穿羊毛，就可能被視為偽君子，如果不穿，則可能被視為極端分子。

有時，蔬食者被刻板印象定型為飲食失調。例如，當一名年輕女性選擇成為蔬食者時，人們通常會認為她是在用蔬食主義作為厭食症的掩護，而實際上她正在做出一個健康的選擇來踐行她的價值觀。將那些挑戰壓迫性系統的人病態化並非新鮮事。例如，在廢除奴隸制之前的美國，試圖逃離奴隸制的奴隸被診斷出患有「漂泊症」（drapetomania）〔譯註4〕的精神疾病：不想被奴役被認為是瘋狂的。

蔬食者也可能被刻板印象定型為挑食者，例如，他們不吃拿掉肉丸的意大利麵醬，或者不吃用雞湯製成的蔬菜湯。這種刻板印象生成的主要原因是肉食主義使我們無法認識到吃動物是一個道德問題。因此我們沒有意識到，看起來似乎是大驚小怪的反應，實際上是一種正常的心理反應，心理學家稱之為**道德厭惡**（moral disgust）——當必須使用自己在道德上反對的事物時所感受到的厭惡。舉例來說，如果非蔬食者不得不從醬汁中挑選狗肉丸或食用以貓湯熬成的湯，這與非蔬食者的感受是一樣的。

〔譯註4〕漂泊症（drapetomania）指患病的奴隸會無法克制想要逃跑的瘋狂欲望。

次要合理化理由

主要的合理化理由讓我們相信吃動物是正常、自然和必要的迷思，而次要的理由讓我們相信不吃動物是不正常、不自然和不必要的。當然，這些相同的迷思已被用來詆毀其他反制的信念系統和社會正義運動，例如公民權利和同志權利。

次要合理化理由，就像其他次要防禦機制一樣，是針對蔬食主義反彈的一部分。**反彈**（backlash）是壓迫性的主導系統對其權力受到威脅的反應；是為了恢復失去權力的嘗試。創造新的迷思是為了阻止我們認真對待系統挑戰者，儘管該系統本身即奠基於虛幻的迷思。

超越肉食主義

肉食主義是一種全球現象，故無論好壞，我們都是這個系統的參與者。我們的選擇並非是否參與，而是如何參與。為了成為解決方案，而非問題的一部分，我們必須致力於保持清醒且提高意識，因為肉食主義等壓迫性系統的結構會將我們拉回無知中，並作繭自縛。為

了保持清醒，我們必須讓自己了解情況，並與同樣致力於意識覺察的其他人保持連結。當保持清醒時，我們會保持對自己、對我們真實的體驗，以及對他人的關注。我們會成為積極的見證者，而非被動的旁觀者。

帶著意識，我們可以選擇是否以及如何與吃動物這件事建立連結。如果我們相信蔬食主義的價值觀並想擺脫對肉食主義的支持，那麼就可以停止吃動物並成為蔬食者。如果認同蔬食主義，但還沒有準備好成為完全的蔬食者，我們仍然可以承諾隨著時間慢慢減少肉食。通常，我們在肉食主義—蔬食主義光譜中的位置，不如我們前進的方向重要。顯然，在蔬食／非蔬食者關係中，當在光譜上的距離越靠近時，我們在該領域的互動狀態就越不複雜。

在肉食主義轉型中成為盟友

即使還不是完全的蔬食者，我們也可以成為蔬食者的盟友、蔬食主義的支持者。有時，蔬食者的盟友是蔬食主義的倡導者，利用他們的個人或專業影響力來推動蔬食議題。例如，贊助人可能會向蔬食組織捐款，或者記者可能會發表故事以提高人們對肉食主義的認識。或

者蔬食者的盟友也可以簡單地支持他們。當我們在生活中成為蔬食者的盟友時，我們會與蔬食者團結起來對抗肉食主義的入侵，以減少它對我們關係的負面影響。我們盡最大努力去了解蔬食者的經歷，並意識到他們的奮鬥歷程。這是一場獨特的奮鬥歷程（就像所有的奮鬥故事一樣），也是一場具有挑戰性的奮鬥歷程。如果無法從蔬食者的角度去了解他們看到的世界的樣貌，我們將永遠無法真正與自己關係中的蔬食者建立連結。

　　成為蔬食者的感覺就像從「矩陣」中醒來。對於那些不是蔬食者的人來說，可以透過想像以下場景來理解蔬食者的觀點。想像有一天早上，你從沉睡中醒來，發現自己已從矩陣中脫離。突然間，你意識到周圍世界的所有肉、蛋和奶製品都不像你想像的那樣來自豬、雞和牛，而是來自狗和貓。將你拉出矩陣的人帶你參觀了「現實世界」，向你展示了飼養和殺死動物的工廠，你看到了折磨，聽到嘶嘶聲和尖叫聲；你目睹小貓被活活地碾碎，小狗被從嚎叫的母親身上扯下來，動物在完全意識清醒的情況下被剝皮和煮沸。當你晚上開車去上班時，你看到了一卡車的這些動物，在被載去屠宰場的路上，牠們的眼睛和鼻子穿過了車邊板條的縫隙，你盡一切可能地避開視線，讓心變得堅硬，因為你知道自己無力拯救牠們。

　　稍後，你回到家人身邊，他們全都還在矩陣裡面，並且正在準備晚餐的肉排。當你看著肉排時，你被剛剛目睹的恐怖記憶所淹沒，百感交集。當試圖向家人解釋你所知道的事情時，你盡全力控制自己的感受。但他們看不見你所看到的那些，對他們來說，你只是變得有點精神錯亂。

你更加努力，不顧一切地讓他們能透過你的眼睛看世界，但是你的催促，加上事件本身高度敏感，容易引起情緒，以及因仍然陷在矩陣中，導致他們自動對這個話題感到防禦，也感覺受到攻擊。對話的最終結果是，他們要你別把自己的價值觀強加給別人：「你做你的選擇，我做我的。」

許多蔬食者不知如何處理他們走出肉食主義矩陣後自然會產生的情緒，也不知該如何理解當他們試圖幫助解決肉食主義問題時所會遇到的阻力。那麼，作為蔬食者的盟友，你可以發揮的一個重要功能是，意識到你生活中的蔬食者正在盡最大努力應對心理上的毀滅性境遇──他們選擇睜開眼睛和心靈去面對的境遇，僅僅是因為他們在乎，因為他們想讓世界變得更美好。

如果你能成為你生活中蔬食者的見證人，如果你能真正看到他們的真實面目，並欣賞成為蔬食者對他們意味著什麼，那麼你們關係中的大部分緊張局勢就可能會消散。作為見證者，你可以欣賞他們為了保持振作和堅強所需的勇氣和決心，儘管他們因感到長期被不重視和誤解而感到悲傷和沮喪。你可以同理他們為了能讓我們生活在美好世界而必須守護的努力，以及使其更具正當性而得持續承受的壓力。

當非蔬食者走出肉食主義的矩陣時，它可以是相當具變革性的轉變。永遠不要低估一個人在另一個人感到孤單時可以帶來的改變。這是療癒的時刻，也是將我們緊密交織在一起的連結線。

成為蔬食者

生活及悠遊於
非蔬食世界

在許多方面，成為蔬食者是一種極大程度的自我賦權體驗。[1]蔬食者經常說，成為蔬食者改變了他們思考和與世界連結的方式，他們現在感覺與自己真實的想法和感受更加地緊密連結，也更加投入生活。由於蔬食主義是以同理心和正義為中心，蔬食者還表示，他們覺得自己的核心價值觀更加一致了，成為蔬食者是他們實踐真誠一致的有力方式。

然而，成為蔬食者也帶來了挑戰。因為這世界目前處於肉食主義之中，故對於蔬食主義到底是什麼，以及蔬食者如何體驗世界的理解非常有限。事實上，人們針對蔬食主義和蔬食者的誤解和負面假設相

1　本章中的大部分訊息也適用於奶蛋蔬食者。

當普遍，因此蔬食者在理解和處理他們可能面臨的挑戰，以及如何談論蔬食主義而不引發可能導致持續衝突的防禦機制方面，[2]幾乎沒有可根據的指引。許多新蔬食者所感受到的興奮很快就會被困惑、沮喪甚至絕望所取代。蔬食者會覺得他們走出了肉食主義矩陣，卻發現這些新獲得的自由和清晰使他們陷入了另一個痛苦的系統，一個難以或無法駕馭的人類互動系統。

成為蔬食者帶來了典範轉移（paradigm shift）：蔬食者並非看到了不同的事物，而是他們看事物的角度不再相同了。這種轉變被軍中流行的一句諺語精準捕捉：「一旦參與戰爭，你就永遠回不去了。」意即你再也不可能以同樣的方式看待這個世界。你將不再單純無知，且往往會被覆蓋上一層創傷。儘管蔬食者不是退役軍人，但隨著成為蔬食者而發生的典範轉移通常包括不再天真單純，並且會經歷在很大程度上會影響他們世界觀的創傷。[3]

一旦我們意識到任何暴行，就像是我們對宇宙的道德觀念被顛覆了，我們會在精神上或哲學上感到迷失。當目睹了一場暴行，我們可能會開始懷疑生命和存在的意義：當這種恐怖事件發生時，我們怎麼能相信宇宙中還存有任何秩序？我們可能會絕望：當被苦難包圍，似乎沒有任何變化的跡象時，我們怎麼可能對未來充滿希望？我們可能會從樂觀變成悲觀，我們對人性的看法可能會變得陰暗和厭惡人類：

2　有關蔬食體驗的優良資源，請參閱 Carol J. Adams 和 Colleen Patrick-Goudreau 的著作。

3　該聲明並不意味著蔬食者和戰爭退伍軍人有著相同的經歷，也並非輕忽經歷過戰爭的人們所遭受的嚴重創傷。它只是用來強調暴行可能影響人類心理的一些常見方式。

當其他人如此殘暴時，我們怎麼能相信他們呢？而且，背負著對苦難認知的沉重負擔，我們會感到不得不盡我們所能來減輕它。這意味著必須讓其他人也能看見我們所看見的一切，並阻止他們繼續參與這些問題。

但是，當談到肉食主義這一暴行時，非蔬食者對這個問題的自動防禦機制，加上蔬食者缺乏如何繞過這種防禦機制來進行溝通的培訓，使蔬食者在喚起他人注意時，即使在最佳狀況下，仍是充滿挑戰的。最終，蔬食者為了想成為社會變革的有力推動者而試圖創造一些必需的改變之時，可能會感到無助。

次級創傷（STS）：
肉食主義的附帶損害

如前一章所述，肉食主義是蔬食／非蔬食者關係中的無形入侵者。但蔬食者的典範轉移往往會將另一個無形的入侵者帶入關係，那就是肉食主義的副產品——因接觸／暴露於暴行而造成的創傷。某些蔬食者有典型的創傷反應，而某些人則有可能是「亞臨床」或不太強烈的反應。然而，幾乎所有的蔬食者都經歷過某種程度，因暴露於暴

行而導致的認知扭曲和情緒失調。

為了讓蔬食者和非蔬食者能建立更安全、更緊密的關係，讓蔬食者擁有更可持續、更平衡的生活，我們不僅要認識到肉食主義的入侵，還要認識到肉食主義的帶損害，即蔬食者的創傷經驗。

許多人都知道創傷後壓力症候群（PTSD），這是例如戰爭退伍軍人、目睹了暴力的人、或暴力行為的直接受害者所經歷的創傷。PTSD的徵狀包括記憶重現、睡眠障礙、焦慮和憂鬱等症狀。然而，我們大多數人都沒有意識到次級創傷（secondary traumatic stress, STS）—— 有時被稱為次級創傷症候群（secondary traumatic stress disorder, STSD）。它與 PTSD 一樣，只是它影響的是那些間接暴露於暴力行為的人，包括暴力行為的目擊者。[4]

次級創傷很常見於醫護人員、警察和其他急救人員。在治療創傷受害者的治療師中也很常見。它影響了許多參與社會正義運動，目睹了暴行的人。因此，次級創傷在純蔬食者中相當普遍，也許也不令人意外，他們中的絕大多數人都接觸過描述動物痛苦和屠宰，造成精神創傷的資訊，並且不斷地看到這種創傷的相關產物——隨處可見的肉、蛋和奶製品。

雖然並非所有蔬食者都有 STS，也不是每個患有 STS 的人都以

4　關於如何區分 PTSD 和 STS(D) 存在一些爭論。一些臨床醫生認為，即使是暴力事件的目擊者也患有創傷後壓力症候群，我們所說的 STS 不是看到暴力行為的結果，而是聽到關於暴力侵害他人的故事或二手訊息的結果。在這裡，我選擇使用STS而不是PTSD，因為蔬食者是肉食主義的次要或間接受害者，我也認為STS 是一個更直觀、更容易理解的術語。

完全相同的方式受到影響，但許多蔬食者都有一定程度的 STS，大多數患有 STS 的人都有類似的經歷。STS 的常見症狀包括上面提到的 PTSD 症狀，以及以下症狀：侵入性想法（我們想起或曾目睹的痛苦的畫面突然浮現或「侵入」我們的腦海）；一種我們永遠做得不夠的感覺；對他人痛苦程度的認知降低了（例如，假設他們的痛苦與動物相比是相當微小的）；疏離感（感覺與自己、他人和／或世界脫節了）；自我忽視（認為我們自己的需求不重要，而忽視了它們）；經歷了「太多」或「不夠多」的情緒，或在這兩種極端之間搖擺；厭世（厭惡人類）；自大（感覺比別人優越，感覺我們可以而且應該解決所有問題）；工作狂；當他人受苦時，無法放棄推廣行動和／或會為享受生活而感到內疚。[5]

創傷是對經歷恐懼或驚駭之後所產生不可避免的生物和心理層面的反應，特別是當我們對於掌控情況感到無助時。STS 不是軟弱的表現；沒有人能免受創傷。

STS 不僅是對個人和人際關係的危害，也是對蔬食運動的危害。STS 是讓蔬食者精疲力竭並退出運動的主要原因之一，而人員的高流動性顯著降低了該運動的效益。如同一家公司，與大多數員工長期留任的公司相比，大部分員工在待了很短的時間內就辭職了。

好消息是，透過了解 STS 的原因、症狀和治療方法，蔬食者可以降低他們受到創傷的可能性。如此一來，蔬食者將能夠改善自己的生活質量、人際關係和蔬食運動。

---

5   有關更全面的症狀列表，請參閱附錄 2。

造成疏離的創傷敘事

受害者、迫害者和拯救者

當我們持續暴露於暴行中時，可能會形成一種基於創傷的世界觀，一種**創傷敘事**（trauma narrative），我們將世界視為一個巨大的創傷系統，只有三個角色可以扮演：受害者、迫害者和拯救者。[6]蔬食者的創傷敘事是蔬食者和非蔬食者在人際關係中某些最痛苦的衝突的基礎，這在很大程度上是因為它讓人感到如此疏離。外顯的情況是，蔬食者可能自動將非蔬食者視為迫害者，因為食用動物助長了蔬食者試圖改變的暴行，並給蔬食者造成了創傷。當我們以迫害者的角色看待另一個人時，無論多麼希望自己不這樣想或試圖帶入其他感受，我們就是無法感覺到與他們之間的連結。對於非蔬食者來說，可以想像一個你最關心的問題，也許是戰爭孤兒或身為街頭暴力受害者的街友，來幫助你理解蔬食者的類似經歷。

現在想像一下，你身邊親近的某人是一家公司的高階主管，該公

6　卡普曼戲劇三角中描述了一些類似的角色，該模型的建立用於描述人際衝突期間可能出現的破壞性互動。

司助長了你深切關心的某些痛苦，即使你可能知道對方是一個好人，但你心中的一部分可能會對於知道他們正在助長暴力而感到掙扎。如果你有 STS，你的大腦可能無法將這兩個面向區隔開來。

受過創傷的蔬食者如果也覺得自己沒有被生活中的非蔬食者看見，就可能會感到與他們更疏離。當沒有被看見時，我們會得到這樣的訊息：「我們的經歷不值得被關注，我們的經歷是不重要的。」感到不被重視的人會感到受迫害；他們覺得對方沒有尊重或同理自己。當我們感到受迫害時，我們會將對方視為迫害者。例如，如果非蔬食者因目睹狗屠宰而受到創傷，而他們關係中的人經常食用狗肉，並且不明白為何這種情況讓他們如此痛苦時，他們可能會有同樣的感受。

而那些感覺自己沒有被看見的人——尤其是在其脆弱的一面，如創傷——無法感受到情感上的連結，因為他們無法訴說自己重要的一部分。例如，想像你在下班回家的路上險些捲入一場可怕的車禍，你驚恐地看著滿身是血、命在旦夕的受害者被送往醫院，但是當回到家時，你感覺無法與最親近的人訴說你所看到的景象或者它對你的影響，所以你只好把它留給自己，試著把注意力集中在日常對話上面。

許多蔬食者遭受了極大的痛苦，因為儘管他們努力地嘗試，但仍無法以一種能夠維持他們寶貴連結的方式去看待生活中的非蔬食者。接著，為了重新建立連結，蔬食者可能會做的是試圖讓非蔬食者停止吃動物，以消除那似乎是造成疏離的原因。然而，這種方法往往會讓非蔬食者感到壓力，從而導致更大程度的疏離。

當人們感到被逼迫時——當覺得若是拒絕要求，對方就無法接受

自己時 —— 會感到被控制，而當人們感到被控制時，通常會拒絕對方提出的要求。因此，許多非蔬食者在生活中從蔬食者身上感受到的緊張和壓力往往不僅僅源自於蔬食者對不吃動物的強烈道德信念，也可能來自於蔬食者對失去安全和連結感的反應，而安全和連結感正是維繫健康關係的命脈。

對蔬食者來說，重要的是要意識到雖然食用動物確實助長了肉食主義，但這並不意味著非蔬食者只是迫害者。人是微妙而複雜的生物，他們同時扮演著多個角色。例如，在集會上舉著受虐動物標誌的蔬食抗議者可能穿著中國童工製造的運動鞋。那這個人是迫害者嗎？還是拯救者？我們如何確定他們屬於哪個類別呢？

當我們從創傷的角度看世界時，我們的大腦無法容許人類行為的複雜性。與其意識到是善良的人參與了有害的做法 —— 我們都是有罪也無辜的，以各種方式扮演著某些問題的迫害者，其他問題的受害者，以及拯救者 —— 我們偏好將個人簡化為單一面向：他們都是好人或者都是壞人；他們不是無辜就是有罪的。接著我們對他們做出相對應的反應：我們對迫害者感到憤怒並讚揚拯救者，沒有意識到我們如何對這些人進行分類的方式，可能與我們自己的投射有更大的關係，而非他們真正是誰，和他們做了什麼。

簡化性思維

創傷敘事是圍繞著**簡化性思維**（reductive thinking）組織而成

的，將個人簡化為一種行為或一組行為，傾向在我們的腦海中誇大其影響，假設它們對問題的影響比實際上大得多。例如，如果你是蔬食者，而你的伴侶吃肉，你可能會認為伴侶的肉食行為是肉類行業的主要驅動力：當看到他們吃肉時，你的腦中可能會閃過曾經看過並思考的動物屠宰影片，「就是他害那些動物被殺！」即使你從統計上知道一個人偶爾吃肉的影響極低，你可能仍然會以完全不同的方式去理解這個行為。

同樣地，創傷敘事可能使我們認為蔬食者的影響比實際的影響更大。我們可能會讚賞某人是蔬食者，同時批評其影響力遠大於蔬食者的蔬食者盟友：例如，可以想想因食肉的記者發表了提高人們對肉食主義的認識的文章，觸及了數百萬讀者，而使多少動物得以倖免於難，或者由仍吃魚的慈善家給蔬食組織的捐款，讓推廣者得以進行有規劃的蔬食宣傳。

我們也可能對蔬食者的力量有誇大的理解，導致對於單一蔬食者的問題行為感到極度害怕，尤其如果他們處於領導地位，以為他的問題行為會導致整個運動的垮台。

簡化性思維剝奪了我們對他人個體性的欣賞。例如，蔬食者可能會假設非蔬食者都差不多，但沒有意識到自己與某些非蔬食者的共同點比與其他蔬食者的共同點還要多。簡化性思維使我們所有人 —— 無論是蔬食者還是非蔬食者 —— 都陷入了某種角色，而這些角色限制了我們在生活和世界中創造正面變化的能力。

完美主義

創傷敘事也強化了一個迷思：即如果某人不是拯救者，他們就一定是迫害者。這種完美主義既不合理又適得其反。不合理是因為，時刻都做到完美蔬食是不可能的。如果我們希望能做個正常生活的人，很遺憾地，我們仍會在這個過程中傷害到動物（連在人行道上行走都會踩到昆蟲）。適得其反是因為它向其他人展示了一個不可能的理想（例如，有多少非蔬食者會喜歡必須仔細檢查自行車輪胎中微量成分的生活方式？），並且使蔬食者的生活無法永續：完美主義是導致倦怠的主要原因，它反映了一種加劇而非減輕創傷的心態。當蔬食者沒有實行「完美」的蔬食主義時，創傷敘事也會導致他們感到排山倒海的罪惡感，而罪惡感可能成為引發次級創傷的主要原因。

倖存者罪惡感

倖存者罪惡感是當我們在創傷後倖存時所感到的罪惡感。例如，那些在地震、船隻事故或戰爭中倖存下來的人，可能會因為自己在其他人死亡時倖存下來而產生深刻的罪惡感。暴行的目擊者也會產生倖存者罪惡感——尤其若他們曾經是暴行的促成者（即「迫害者」）。

此外，因為創傷敘事會導致我們將自己的行為與自我價值混為一談（相信如果我們做了「壞事」，我們就是一個「壞人」），我們的罪惡感很容易發展為羞愧。當我們感到羞愧時，我們不太可能以能保

持彈性並幫助維持安全、相互連結的關係的方式行動。

當沒有意識到自己的倖存者罪惡感，我們最終可能會使用有問題的應對機制來處理它，而非解決痛苦的真正根源。罪惡感是當我們做了壞事，被視為迫害者時的感覺。

因此，我們可能會沉迷於「當好人」，盡最大努力向自己（通常是向他人）證明我們不是迫害者。我們可能對任何意指自己不好的建議變得過度敏感，因為我們可能將這種言詞視為「自己果然很糟糕」的確認，刺激著我們深深的內疚感。

倖存者罪惡感也可能驅使我們全神貫注於試圖拯救暴行的受害者，以至於在此過程中忽略了自己的基本需求。雖然積極參與改革暴行是崇高而重要的，但當我們被倖存者罪惡感而不是自己內心的道德指南針驅使時，我們可能會將創傷帶入重要的工作當中。創傷驅動的行為會在我們與他人和與自己的互動中造成陰影，使我們在行動中的效率降低，在生活和人際關係中也缺乏安全感。倖存者罪惡感可能是蔬食維根推廣者普遍成為工作狂的原因之一，他們一旦從推廣工作中抽身，就會感到內疚（就像迫害者一樣）。

我們也可以嘗試透過關注比自己「更罪惡」的其他人來減輕倖存者罪惡感，相比之下我們就沒有那麼罪惡了，但這樣做只會助長創傷敘事並強化創傷症狀。例如，參加了將非蔬食者描繪成無情自私鬼的同溫層集會後，蔬食者們往往會對生活中扮演迫害者角色的非蔬食者感到更多的批判，因此與他們的關係也更加疏遠。當蔬食者指責其他蔬食者不夠完美時，被指責方的倖存者罪惡感被觸發，開始出現會得

到反效果的相應行為。

任何將他人，無論是非蔬食者或蔬食者，貶低為迫害者或拯救者、讓人感到羞愧且未能理解人類複雜性和創傷動態的溝通交流，都會助長創傷敘事，並在蔬食者和非蔬食者、以及在蔬食者們之間造成分歧。

創傷敘事和客觀性

創傷敘事使我們更難以客觀思考，更難讓事實引導我們的選擇。我們最終可能會做當下感覺正確的事情，來暫時減輕痛苦，而不是做最有益於自己、關係和信念的事情。例如，蔬食者可能會花費大量時間，努力讓最親近的人成為蔬食者，儘管影響家人和朋友通常比影響陌生人更為困難，因為現有的權力動態和其他長期存在的關係問題可能會阻礙具有建設性的溝通。這些心力若用於接觸也許更容易接受蔬食者訊息的其他人，會是更佳的選擇。

轉向更理性的心態的一種方法是自問哪些行為將對我們自己的幸福感、關係和議題能產生最大的影響。一般來說，對這三者之一有好處的，對其他的也有好處。接著我們可以意識到自身的可持續性——我們保持蔬食並成為該議題之高效大使的能力——遠比讓生活中的少數非蔬食者停止吃動物更為重要。

創傷、安全和連結

創傷經歷和痛苦經歷之間的區別與我們的安心感、安全感和連結感有關。當經歷創傷時，我們從根本上感到不安全和疏離。而在沒有創傷的情況下，即使是極度悲傷的時候，我們仍然在某種程度上知道自己會沒事的，也仍然會感到與自己和他人有某種連結。在關係中最基本的需求是對安全感的需求，若缺少了安全感，我們就無法感受到真正的連結。

患有 STS 的人會感到不安全，他們會將這種不安全感帶到他們的人際關係中。患有 STS 的人會感到不安全的一個原因是，他們擔心自己無法避免接觸到創傷觸發因素，以及任何讓他們想起創傷並引發相關情緒的事物。例如，戰爭難民經常被突然的巨響觸發創傷；為此，德國某些難民人口較多的城市不再舉辦煙火表演。

對於蔬食者來說，觸發因素通常包括在世界各地、甚至在自己家中圍繞著他們的產品——肉類、雞蛋和奶製品。觸發因素也可以是打壓蔬食者經驗的評論和行為。例如，這些觸發因素可能包括對蔬食主義（例如，將蔬食主義稱為邪教）或蔬食者（例如，將蔬食者稱為「挑食」或「難搞」）的貶低言論。

創傷專家發現，如果其他人輕視、忽視或歡慶使受創者感到創傷的事物，他們將更有可能產生創傷性反應。[7]蔬食者在他們的經歷中感覺越不被理解，他們就會感到越不安，因為如果其他人不了解他們的觸發因子，就無法避免觸發反應。如果對方確實知道會觸發蔬食者創傷反應的是什麼，卻仍然堅持要讓他們接觸這些事物時，蔬食者會感到更加不安——他們不僅害怕會觸發創傷反應的行為，也會失去對對方關心和保護自己安全感的信任。當然，這種互動只會強化蔬食者將他人視為迫害者的觀點，因為現在蔬食者確實因對方的行為而感到自己是受害者。舉例來說，在有酗酒問題的家庭中長大的人可能會對周圍的酒精非常敏感，如果親密的友人不理解這種敏感性，他們很容易說出和做出某些讓對酒精敏感的人接觸到酒精的創傷觸發事件。而如果朋友知道對方具有這種敏感性，卻認為那根本沒什麼大不了，或者不在乎和經常喝醉酒，對方會感到更加不安，以及被背叛。

觸發因子基本上繞過了大腦的前額葉皮層（大腦的理性部分），並活化了我們的杏仁核（大腦處理本能、反擊—逃跑或凍結反應的部分）。它們使我們進入一種過度激發或高度警覺的狀態：我們的心跳加速，呼吸加快，感到受到威脅和不安。當人們感到不安時，他們唯一關心的就是躲避威脅，以便能夠回到安全的狀態。被觸發是被暴露於暴行或創傷的人的正常反應。這並不意味著他們很軟弱或有精神上的問題。觸發因素不一定與創傷有關，它們可能是其他因素帶來的結果，例如情緒敏感性，我們將在第 7 章討論這個議題。無論是何

7　參見Judith Herman的著作《Trauma and Recovery: The Aftermath of Violence - from Domestic Abuse to Political Terror》（New York: Basic Books, 1992）。書名暫譯《創傷與康復：暴力的後果——從家庭虐待到政治恐怖》。

種原因，當我們被觸發時，影響我們的主要動力會是「重新建立安全感」的需求。

雖然有些事件可能會給幾乎所有人帶來創傷，例如戰爭、強姦或目睹暴行，但每個人都是獨一無二的，讓某一個人受到創傷的事情並不一定會給另一個人帶來創傷。在關係中，我們可以做出最具破壞性的假設之一是：對方不應該有他們感覺到的那些感受。因為我們假設如果角色互換，自己並不會有那種感覺。不僅是在身處其中之前，我們永遠不知道自己會如何受到某種情況的影響，而且否定另一個人，說他們的經歷是錯誤的，或者他們不應該像他們現在那樣感受或思考，這對彼此間的關係來說是種傷害。否定會削弱我們的安全感並拆散雙方之間的連結。

蔬食者的創傷觸發和疏離

蔬食者和非蔬食者之間的創傷性動態通常以可預測的方式展開。如以下關於蔬食者伊麗莎白和她的非蔬食者妻子喬安娜的軼事。

當伊麗莎白看到肉、蛋或奶製品，特別是看到她情感親密的妻子吃這些產品時，她的創傷就會被觸發，但伊麗莎白覺得她沒有權利要

求喬安娜不要在她面前吃這些食物。

因她直覺地感受到喬安娜會感到被控制和產生防禦，加上她已經接受了肉食主義的迷思，即她作為蔬食者的需求不如喬安娜作為非蔬食者的需求重要，因此伊麗莎白選擇了隱忍。

在這種情況下，伊麗莎白感到不安全和疏離。儘管她覺得有必要重新建立安全和連結感，但她並沒有意識到這些更深層次的需求。她只知道喬安娜的行為讓她感到悲傷、憤怒和焦慮。伊麗莎白所知道的是，為了感覺好一點，她需要減少接觸創傷因素，對她來說就是動物產品。最重要的是，雖然她可能沒有完全意識到這一點，但伊麗莎白需要停止將喬安娜視為迫害者。

伊麗莎白意識到，由於肉食主義，喬安娜扭曲了對蔬食主義的看法，並且可能會自動對吃動物的問題產生防禦機制，因此直接溝通是不可能的。所以伊麗莎白試著間接溝通，透過迂迴的方式滿足她對安全和連結感的需求。例如，她可能會調整桌子上的食物或轉移視線以避免看到這些食物，或者可能會若無其事地提到關於畜牧業對環境影響的統計數據（「對了，你有沒有看到最近的聯合國報告說我們都應該吃蔬食？」），評論喬安娜的健康（「你不是說你的新年願望是要吃得更健康？」），或分享一個故事，反映她對缺乏連結感到失望（「瑪麗和弗雷德 [一對蔬食夫婦]看起來相處得很幸福；能共享他們的生活熱情一定感覺很棒」）。

喬安娜接收到了伊麗莎白的情感指控，開始感到被觸發（當其中一人被觸發時，另一人通常也會被觸發）。喬安娜也感到懷疑，感覺

到伊麗莎白所說的話與她的實際感受或想要的並不符合。喬安娜感覺被控制了，部分原因是伊麗莎白正在試圖控制局面，另一部分原因是肉食主義導致非蔬食者認為蔬食者想控制對方，即便並非如此。

富有同理心的見證：創傷的解藥

處理這種複雜動態的關鍵是雙方都要練習富有同理心的見證，並明確承諾會維護對方的安全感。然而，重要的是要認知到這場競爭並不公平：肉食主義和創傷都會在個體之間造成嚴重的權力不平衡。如上所述，肉食主義導致非蔬食者和蔬食者都認為蔬食者的需求不如非蔬食者的需求重要。[8]除非非蔬食者實際上是由互動中的某種動態觸發的，例如，若他們在情緒上有對衝突或令對方失望的敏感度而會感到不安，否則蔬食者通常會是缺乏安全感的一方。

為了展開有效對話，雙方都需要感覺到被安全地接納。對於受過創傷的蔬食者來說，這一點尤其重要：蔬食者需要感到被理解，而非因為他們的情緒反應而受到評判。對一個創傷被觸發的人說出：他們

8　當然，其他因素例如性別和種族，在我們如何看待彼此的需求方面也發揮了作用，這些也必須考慮在內。

感到不安的問題並沒有那麼糟糕、他們太敏感了，或者他們必須學會與觸發行為共處，這種做法正是災難的根源，這在實務上勢必會進一步觸發他們的創傷，並嚴重損害他們對他人的信任。

非蔬食者也需要知道，他們不會因為自己是誰而受到批判，如果他們還沒有準備好成為蔬食者，並不會被視為「比較糟糕」或是壞人。我們都需要相信生活中的人們願意維護我們的安全，尤其是在我們感到脆弱的時刻。這些讓我們更深深陷入痛苦的敏感時刻，卻同時也是神聖的時刻，只要有恰當的反應，真正的療癒和轉變就會發生。

富有慈心的見證是創傷的解毒劑。無論人們被觸發地多麼激烈，當他們真正感受到自己被看到、理解和關心時，他們的反應會像被放氣的氣球一樣緩和下來。一旦這種情況發生，對話也已經深入到更深的層次，雙方都可以談論自己需要什麼以感到安全和連結，接著就可以進行實際的問題解決。但雙方必須對解決方案做出全面承諾，讓每個人都感到充分安全，並願意進行對話直到達成這個目標。

在協調過程中盡可能地審視自己也很重要。我們不應該鼓勵其他人擴展舒適區的界限來滿足我們的需求，除非這些需求真的關乎我們的安全感。例如，如果非蔬食者告訴蔬食者他們的安全感取決於是否可以自由地吃自己想吃的東西，那麼這個需求是否真的是關於安全感或實際上是意圖控制，也許是值得好好考量的。在接下來的章節中，我們將探討蔬食者與非蔬食者討論雙方需求的具體方式，從而最大限度地減少衝突的可能性。

創傷具有傳染性

　　當周遭有人受過創傷，我們也可能會開始經歷創傷。[9]創傷具有傳染性的一個原因是，創傷敘事會引導我們如何思考、感受和對待他人。因此，若我們將他人視為迫害者，就會用相應的方式去對待他們。而他們的想法、感受和行為也會隨著我們的反應而受到影響。若他們感覺受到了我們的攻擊或批判，就會覺得自己是受害者，並將我們視為迫害者。或者他們可能會接受我們的敘事（特別是如果我們的敘事占主導地位時）並感到罪惡和羞愧，或者乾脆投降並放棄嘗試做對的事情，接受自己身為迫害者的角色。無論哪種方式，他們最終都會分攤到我們的創傷敘事和感受，並採取相應的行動。

　　創傷具有傳染性，也是因為受過創傷的人（或沒有受過創傷，但沒意識到「得到創傷」是多麼容易的人）經常傳播創傷性資訊，而並未考慮其對他人的影響。例如，雖然讓公眾意識到農場動物的痛苦是很重要的，但以一種會對他人造成創傷的方式讓非蔬食者接觸到這種圖像，所引發的問題可能比解決的還多。善意的蔬食者知道人們為了

9　參見Judith Herman的著作《Trauma and Recovery: The Aftermath of Violence - from Domestic Abuse to Political Terror》（New York: Basic Books, 1992）。書名暫譯《創傷與康復：暴力的後果——從家庭虐待到政治恐怖》。

避免感到悲痛而會轉身遠離動物的痛苦，故這些蔬食者經常會採取向人們展示他們並未準備好要目睹的圖片和影像的震驚策略。在感到措手不及且沒有同意目睹這些痛苦影像的情況下，非蔬食者可能會因這些資訊而受到創傷並感覺受到蔬食者的迫害。與其把憤怒指向源頭，也就是剝削動物的行業，他們反而可能會將憤怒指向他們認為在迫害自己的蔬食者。要避免這個問題的一個簡單方法是，在向他們展示創傷性資訊之前，先徵得他人的同意。

蔬食者也會互相傷害，例如當一位蔬食者開始講述他們目睹某件恐怖事件時，會讓另一位蔬食者感到震驚和恐懼。同樣地，一個簡單的解決方案是不要讓其他人在無意中目睹暴力。如果有人對你這樣做，請讓他們停止。

最後，蔬食者經常選擇在不必要的時候親眼目睹動物的痛苦，然而這並不能直接幫助到動物。如果你已經是蔬食者，那麼幾乎沒什麼理由去見證更多，這樣做可能只會降低你的復原力，並增加蔬食者間已經太過普遍的創傷。

無論是與自己、其他蔬食者還是非蔬食者有關，蔬食者對界限的尊重是相當重要的。對於我們所有人來說，健康的界限對於保護自己免受創傷以及使我們能夠與他人建立健康的關係來說至關重要。

保護和尊重界限

　　界限是我們在自己周圍劃出的界線，以保護我們在身體上、心理上和情感上的個人空間。將關係想像成道路上的司機，我們的邊界就像指定車道的路面標記，任何侵入我們空間的行為，通常會讓我們感到邊界被侵犯了，就像當有人站得太近並侵入你的物理空間時，你會產生的感受。

　　人們經常會在無意中跨越彼此的界限，因為不同的人有著不同的界限，我們並不總是直覺地知道別人的隱形線畫在哪裡。當談到接觸肉類、雞蛋和奶製品時，許多非蔬食者無法主動注意到蔬食者的界限，因為非蔬食者本身並沒有相同的界限。因此非蔬食者可能不明白為何只是在蔬食者面前吃肉會感覺像是超越了界限，因此，必須由我們這些被踩線的人來界定和闡明我們的界限需要被如何尊重。

　　要確定自己的界限在哪，你可以問自己以下問題：哪些行為讓我感到與他人疏離？哪些行為讓我感到不安全？某些行為始終算是違反界限，例如我們不覺得有趣的取笑或批判。而很多行為即使對我們來說算是違反界限，但對別人來說可能不算踩線。我們有責任確定和闡明我們的界限，保護自己並讓他人有機會尊重我們的需求。

超越創傷：培養個人韌性（復原力）

當我們擁有強大的心理情緒免疫系統時，就擁有了韌性，讓我們能夠承受壓力並從壓力中恢復過來。當我們的關係具有韌性時，它是安全和連結的；當我們個人具有韌性時，我們在心理和情感上與自己的連結更加緊密，並且在生活中感到更加安全。對於蔬食者來說，培養個人韌性對於他們能夠承受未來將遇到的創傷性壓力源，並從過去可能已經經歷過的創傷中恢復過來至關重要。

對於那些可能有個人創傷史的人來說，培養復原力尤其重要。當過去經歷過創傷時，我們會更容易受到創傷，特別是當過去的創傷沒有得到充分處理時。見證暴行會打開需要處理的舊傷口。當我們致力於發展復原力時，我們努力照顧好自己，這可能需要我們去關注過去需要被治癒的創傷。

那些想要努力轉變暴行的人通常確實有其個人創傷史，了解這一點可能會對情況有所幫助；因曾經受害所產生的同理心往往是驅使他們努力保護其他暴力受害者的動力。增加復原力的第一步是致力於將此事列為優先事項，這不僅僅是一個想法，更需要被付諸行動。

滿足我們的需求

當對自己的照顧與對外付出的一樣多或更多時，我們才能夠更有韌性。想像自己擁有一個活力銀行賬戶，在你生活的每個領域，包括生理及生存、情感、社交和精神／靈性層面，都僅能供給有限的能量。如果繼續消耗你的能量，你最終將會破產。每當你的活力銀行賬戶出現了不平衡，你的復原力（心理情緒免疫系統）就會受到損害，你就可能會受到創傷，或者至少會受到生活中不可避免的挑戰的負面影響。思考一下，當你的身體免疫系統受損時，你的患病風險會如何增加。

正如我們透過調整和回應彼此的需求來建立安全感和連結感，以發展關係中的韌性一樣，我們透過調整和回應自己的需求，透過照顧自己來發展個人復原力。例如，我們透過良好的睡眠、飲食和鍛鍊來保持身體健康，我們確保自己在生活的實務領域（例如家庭和財務）感到安全，我們以使自己感覺正向而非心力殆盡的方式滋養自己的心智，我們尊重自己的感受，我們與他人保持健康的連結，並滿足我們的精神／靈性需求（無論我們如何定義「精神／靈性」）。

滿足我們的需求需要自我意識，是知道我們需要什麼，以及什麼可以幫助我們滿足需求的一種能力。它也需要我們富有同理心地見證自己，因而不會評判或貶低我們的需求。滿足我們的需求並不會使我們變得自私，反而使我們成為更有韌性的個體，而能夠以我們希望的方式，對我們的人際關係和世界造成遠比之前更好的影響。

韌性（復原力）不僅對蔬食者的個人和他們人際關係的福祉來說很重要，對於發起有影響力的蔬食運動也至關重要。但大多數蔬食者並沒有將韌性放入優先考量中。忽略韌性的一個原因是，韌性並非一種文化價值。在許多文化中，人們被鼓勵忽視自己的需求，例如過度工作、生病時自己亂吃藥和忽視自己。另一個原因是 STS 導致我們貶低了韌性，例如，我們的倖存者罪惡感越強，會越覺得應該更加努力工作，就越不允許自己放慢速度。我們越努力工作，我們的 STS 在反饋循環中就會變得更糟。STS 既是自我忽視的原因，同時也是其結果。

　　此外，許多蔬食者擔心如果他們放慢腳步，自己就會停下來。這種恐懼通常是一種創傷性扭曲，當推廣行動是受到創傷驅動時就會出現。蔬食者可能會擔心，如果停止進行由感覺觸發的這些強迫行為，他們就會不夠在意要繼續打好這場仗。然而，相反地，當我們從自我連結和表達真我的基礎上開啟行動時，我們會更有效率，更有可能長期保持活躍。創傷驅動的行為本質上是不可持續的；受創傷驅使的推廣者最終會精疲力竭，而且經常在此過程中拖累他人。允許自己擺脫創傷是對自己和這個運動最佳的禮物。

放棄完美主義

　　正如我們所討論的，完美主義可能是 STS 的症狀，但也可能是 STS 的原因，因為完美主義會降低復原力。完美主義導致我們的思考、感受和行為方式會降低我們與他人和自己的安全感和連結感。

完美主義讓我們產生非此即彼的想法：不是成功（完美），就是失敗；我們不是好人（完美的人），就是壞人。完美主義的心態使我們設下了不可能的標準，我們將一直追求但卻永遠無法達到，因為完美主義並非關於目標，而是關於過程。當我們有完美主義時，會沉迷於一種存在方式，一種與自己、他人和世界連結的方式。我們被「完成目標」驅使的成分低於執著於努力實現這些目標的過程——目標只是我們追求完美主義的藉口。我們對完美的追求使我們永遠專注於未來的目標或陷入過去的遺憾：它將我們帶離了現在，而我們必須活在當下才得以創造有韌性的生活和人際關係。

蔬食者很容易陷入完美主義，因為他們經常接觸到關於「蔬食主義必須完美」的不健康的訊息，例如憤怒、批判性的評論，譴責那些偏離了百分百蔬食主義生活方式的蔬食名人。這種訊息不僅強化了完美主義，而且還反映了一種基本教義主義，這種基本教義主義可能會在蔬食者之間造成分歧並讓非蔬食者倒盡胃口。

因此，對於蔬食者來說，努力不去成為「完美的蔬食者」，而是努力成為「可持續的蔬食者」可能會有所幫助——盡可能地蔬食，而不要過度追求完美或在韌性／復原力的需求上讓步。許多蔬食者有優越條件而能夠順利維持蔬食，但有些蔬食者卻沒有辦法。毫無疑問地，如果蔬食者擺脫了非理性和評判的完美主義，不僅對蔬食者及其人際關係有利，對整個世界來說都會更好，因為這種完美主義會削弱他們的適應力並導致精疲力竭。

避免對於非蔬食者抱持完美主義也很重要，而做到這點的一種方

法是用光譜的形式去理解肉食主義和蔬食主義：重要的不僅僅是我們在這個光譜上的位置，而是我們前進的方向。大多數人不會在一夜之間成為蔬食者，雖然許多人對成為蔬食者仍有抗拒，但大多數人確實支持核心的蔬食價值觀，也知道多蔬食的好處。鼓勵他人盡可能地蔬食往往是倡導蔬食主義更實際、尊重和有效的方式。此外，社會運動的成功，並非仰賴於社會中的每個人都得成為核心支持者，僅需要有足夠多的人都足夠支持該運動。這並不是說我們應該勸阻那些願意成為蔬食者的人，相反地，如果我們沒有考慮心理層面對意識形態的影響，也就是說，提倡信念體系而不去考慮我們所接觸的人對此生活方式的心理層面和需求時，將會既無效又適得其反。蔬食者也可能變得完美主義，因為被社會議題所吸引的人可能具有高度的責任心，這種性格特徵會增加完美主義傾向。最後，蔬食者可能會走向完美主義，因為肉食主義使蔬食者感覺自己像是蔬食運動的「象徵」——因身為代表而不能生病或在道德上表現出不一致（雖然只要是人類都一定會如此），以免因這些缺陷而讓自己成為在這個議題上扯後腿的人。

消融完美主義的一種方法是：了解到我們所面對的是一個混亂的世界。在大多數情況下，我們並非創造出自己陷入的這場混亂，而是接下了這個傳承，因此我們必須做出與身在理想世界中完全不同的選擇。當能夠理解並允許自己與真正的現實、而非期望中的現實建立聯繫時，我們將能減輕肩上沉重的負擔。我們允許自己成為不完美的人，這使我們能夠擁抱完整且真實的自己，包括混亂的部分和所有其他部分。然後我們將不再那麼關心完美，而更關心真實和當下。我們也可以學著說「我不知道」，而不是覺得自己必須總是擁有對向我們

提出的問題的所有答案——我們沒有、也無法得知所有答案。

自我教育

雖然我們不必擁有與蔬食主義和肉食主義有關的所有答案，但若能擁有某些答案也會很有幫助，特別是，擁有可以支持我們的復原力的訊息。知識就是力量，理解以下內容可以幫助我們感到更有力量，也更不容易被觸發：

- 次級創傷（STS）的症狀和原因
- 肉食主義對非蔬食者和蔬食者的影響
- 建立安全、相互連結的關係的原則
- 有效溝通的基礎
- 蔬食主義的基本原理，包括可以準備一些蔬食相關的「發言重點」

本書提供了前四點的相關資訊。關於最後一點，如果我們了解蔬食主義的基本理念，以及蔬食主義對人類健康、動物福利和環境的影響，以及蔬食營養和飲食的要點，當問題出現時，我們就能夠將自己的信念和觀點表達得更清楚，更不容易感到沮喪和結巴。當我們蒐集了一些蔬食「發言重點」，即針對蔬食者最常見的問題和挑戰的簡短回答時，將能夠避免陷入關於吃動物的冗長且往往毫無意義的辯論。

與志同道合的人建立連結

研究指出，社會關係是復原力的核心組成部分。[10]然而，創傷使我們與他人以及我們自己疏離。因此，預防和治癒創傷取決於建立和維持社會連結。

擁有志同道合的社群對於蔬食者來說至關重要，無論這社群的規模有多小，即使只是一兩個與你有相同觀點的人，也會對你的復原力產生巨大的影響。生活在肉食主義文化中，你可能會長期感到被誤解和被惹怒，這會造成心理和情感上的消耗，並使你感到孤立和孤獨。知道有人理解並能分享你的信念，可以讓你感到非常有力量。許多社區現在為此目的設立了蔬食組織或聚會，如果你所住的區域沒有這些社群，也可以考慮透過網路與其他人聯繫。

欣賞個體性

典範轉移可能會導致蔬食者忘記自己曾經不是蔬食者。蔬食者可能會看到有人在吃漢堡，並質疑這個人到底怎麼會做出這種事？而蔬食者自己在幾個月或幾年前，很可能也是如此。因此，蔬食者可能會感到與非蔬食者疏遠的原因之一是因為蔬食者往往會忘記自己的肉食主義。正如作者托比亞斯・李納特（Tobias Leenaert）所說，這種

10　參見如Daniel P Aldrich及Yasuyuki Sawada. "The Physical and Social Determinants of Mortality in the 3.11 Tsunami, " Social Science and Medicine 124（2015）: 66–75.

「蔬食者健忘症」[11]阻礙了蔬食者與他人建立連結並就問題進行溝通的能力。蔬食者像是雙語人士，既了解肉食主義又了解蔬食主義，了解到這一事實可以幫助蔬食者更有效地與非蔬食者建立聯繫和溝通。

相反地，與其認為在他們生活中的非蔬食者有根本上的不同，有時蔬食者欠缺對他們和自己之間差異的認知。這種態度並非蔬食者獨有，在所有關係的人中，這是正常且不可避免的。我們都傾向於將那些與我們有關係的人，尤其是那些我們最親近的人（比如我們的伴侶）視為我們自己的延伸，就像我們對待我們認同的其他事物（比如我們的汽車和房屋）一樣。

當我們將他人視為自己的延伸時，我們會將他們的行為視為自我的投射。因此，當他們做的事情與我們的價值觀不一致時，我們會覺得自己在某種程度上違背了我們的價值觀。例如，如果你重視時尚的著裝和社交禮儀，而你的伴侶卻穿著破舊、在社交上令人感到怪異的衣服外出，你可能會感到尷尬，就好像他們的行為說明了你自己的價值觀一樣。當然，在某種程度上，你伴侶的行為確實反映了你；畢竟，是你選擇了與此人交往。但通常這種投射的影響遠不及我們想像中大，而發展安全、相互連結的關係的一部分正是學習接受對方的本來面目，而不去評判他們或認同他人的評判。如果你和另一個人之間的差異程度大到你根本無法適應，那麼你可以探索解決的方法，我們將在接下來的章節中討論這些問題。

11　參考網站：veganstrategist.org. 或書籍：《打造全蔬食世界》

我們越能減少這種將他人視為自己延伸的傾向，則越能使情況改善。正常的事物並不總是健康的。當我們將自己的身分建立在他人如何看待我們生活中的人和事的基礎上時，我們就會限制了自己和他人的幸福。比如有對自戀的父母，強迫孩子變成父母心中想要的樣子來讓自己感到成功，最終，父母和孩子都會在這樣的安排下嘗到失敗。

　　當我們沒有意識到自己傾向於將他人視為自己的投射時，我們最終可能會感到不必要的沮喪，並且被觸發。例如，蔬食者可能會覺得他們與非蔬食者的關係害自己在價值觀上妥協了，蔬食者幾乎感覺像是把自己出賣了，好像他們因為「與敵人共眠」而背叛了原則。當對方吃動物時，他們可能會感到羞愧，就好像他們自己在吃動物一樣。或者，他們可能會擔心自己在其他蔬食者眼中看起來像是「失敗者」，因為他們無法讓最親近的人理解和接受蔬食主義。重要的是，要認識到這種投射何時發生，並避免讓我們對他人可能想法的看法妨礙我們尊重和感受與生活中的非蔬食者的連結。請記得：人們不僅僅是他們的意識形態，關係也不僅僅是基於共同的理想。

練習感恩

　　研究顯示，練習感恩對我們的情緒和整體心理健康有直接而重大的影響。轉變為感恩的態度可能是培養復原力的重要關鍵。練習感恩可以很簡單，比如每天大聲說出一件你要感恩的事情，或者寫一份感恩日記。[12]

培養自我意識和正念

　　或許幫助保持自己和我們的關係韌性／復原力的最重要做法是自我覺察和正念。越能夠自我覺察，越了解我們自己的想法、感受和需要，就越不會落入自我忽視。我們越是留心專注，越是活在現在或當下，我們被投射和強化次級創傷的破壞性思維劫持的風險就越小。當然，自我覺察和正念並非無關：我們越是能夠自我覺察，我們就越傾向於正念，反之亦然。

　　在生活中創造空間是提高自我覺察和正念的重要途徑。如果我們不斷地從一項任務跑到另一項任務，從一個想法又跳到另一個想法，我們的頭腦就會變得混亂，亦無法聽到內心深處的聲音。這就像你在

12　練習感恩以及改善整體情緒和復原力的絕佳資源，可參考Sonja Lyubomirsky 的《The How of Happiness: A Scientific Approach to Getting the Life You Want》（New York: Penguin, 2008）。書名暫譯《幸福之道：獲得你想要的生活的科學方法》。

正念（Mindfulness）是什麼？

「Mindfulness」是由形容詞「mindful」而來，原意是留意、留心或用心，因此，mindfulness就是一種「保持留心的狀態」。正念中的「正」為正好、剛好之意，而非「正確的念頭」或「正向的心念」。

「正念」意指有意識地覺知當下身心與環境，在當下保持對內在的觀照，包括自己的身體動作、感覺心情、念頭想法等，並以開放、接納、不評判的態度，客觀如實地體驗自己的身心狀態，並更進一步覺察外在的世界。

參考說明引用自台灣正念工坊官網：https：／／www.mindfulnesscenter.tw／

打電話時試著要聽見窗外的鳥鳴聲，而背景中的電視和收音機是開著的。你可以透過消除一些占用時間和注意力的事物來創造空間，或是每天撥出一段不受打擾的時間，利用這段時間做任何你認為可以幫助你減壓和放鬆的事情：跑步、讀小說、為家人做飯等。換句話說，每天都要停下來休息一下。

同樣重要的是，蔬食者也要從推廣工作中停下腳步。通常，蔬食者覺得有必要利用每一個機會提倡蔬食主義。雖然在可能的情況下喚起人們的注意是很重要的，但知道何時不做這件事，也很重要。有時，你可以只單純享受社交活動，而不必成為「蔬食者代表」。總是在「開機狀態」會令人疲乏，它會讓你以你認為你應該（總是）成為的推廣代表，而非以個人身分與他人建立聯繫。

我們還可以練習注意和關注自己的內心對話。我們將在第8章進行關於自我對話的討論。研究顯示，我們與自己對話的方式會影響我們的自我概念、情緒、表現和整體心理健康。[13]我們大多數人與自己對話時，是以自己永遠無法容忍他人如此對待自己的方式來進行：不斷地批評和羞辱自己。認識和轉變我們與自己的對話方式，將可以改變我們的生活，並對我們的復原力產生巨大的影響。

正念既是一種練習，也是一種存在狀態。練習正念有助於我們變得更加專注，更加活在當下。[14]練習正念有許多不同的方法，但目前最常見的一種方式是靜心冥想（meditation）。[15]已經有許多研究調查了正念冥想的好處，正念冥想與心理和身體健康改善之間的相關性

---

13 參見A. Hatzigeorgiadis, N. Zourbanos, E. Galanis, and Y. Theodorakis, "The Effects of SelfTalk on Performance in Sport: A Meta-analysis," Perspectives on Psychological Science 6, 4（2011）: 348–56, and Ethan Kross and Emma Bruehlman-Senecal, "Self-Talk as a Regulatory Mechanism: How You Do It Matters," Journal of Personality and Social Psychology 106, 2（2014）: 304–24.

14 我強烈推薦Lani Muelrath的著作《The Mindful Vegan: A 30-Day Plan for Finding Health, Balance, Peace, and Happiness》（BenBella Books, 2017）。

15 建議您查看 headspace.com，您可以在其中下載一個應用程序，該應用程序可以幫助那些沒有冥想經驗的人了解正念並開始練習正念冥想。

是相當顯著的。[16]你不必透過很長時間的靜心才能獲得這種練習的好處，即使每天只花 10 分鐘，也同樣能帶來改變。

保持希望

蔬食者需要知道我們是能夠抱有希望的。絕望，是希望的反面，往往是那些致力於結束肉食主義等暴行的人的致命弱點。這個問題看起來是如此巨大，如此勢不可擋，如此無望。而主流媒體沉浸在肉食主義中，並且經常受制於肉食相關行業，當然不會進行反面的報導。所以即使有，我們也很少聽說蔬食推廣成功的消息。絕望對復原力有害，會消耗我們的精力和對更美好未來可能性的信念。

希望是絕望的解藥。對於蔬食主義的發展我們可以抱有很多希望。蔬食運動是當今世界發展最快的社會正義運動之一，並且沒有跡象表明這個增長會放緩。當回顧歷史進程中的社會變遷時，我們可以看到，肉食主義正踏上其他已經開始垮台的「XX主義」的道路上。〔譯註〕

當行為成為一種選擇時，與其相關的前所未有的道德層面就會浮現出來。壓迫性制度仰賴於說服人們參與違背他們價值觀的實踐是必要的——例如，為了國家、種族或物種的生存。因此，這種做法被視

---

16 參見如 Daphne M. Davis 和 Jeffrey A. Hayes，"What Are the Benefits of Mindfulness? A Practice Review of Psychotherapy-Related Research," Psychotherapy 48, 2（2011）：198–208.
〔譯註〕如種族歧視、性別歧視等。

為一種自我防衛：如果我們不傷害他人，我們就會受到傷害。在當今世界上的許多地方，人們不再仰賴「吃動物是必要的」的論點，因此越來越多的人開始逐漸感到畜牧業的不道德。意識正在轉變，世界變得越來越支持蔬食，所有指標都指向蔬食主義將取代肉食主義，成為主導意識形態的未來。

當蔬食者和非蔬食者都無法理解蔬食者的體驗，尤其是關於次級創傷（STS）的體驗時，他們可能會逐漸破壞關係中的安全感和連結感。也許你在成為蔬食者之前擁有安全、相互連結的關係，或者也許你已經在苦苦掙扎，而蔬食主義只是為你又再多增加了一層掙扎。無論哪種情況，一旦認識到次級創傷（STS）如何阻礙你通往安全和連結的道路，你將可以更容易地建立健康的關係連結。你還可以改善自己的身心健康和復原力，讓你從而感覺更能持續蔬食生活並更被賦予力量。

通常，創傷會為我們的生活帶來美麗和深度、真實和力量。願意見證許多人遠離的黑暗是有代價的，但它不僅給那些我們正在努力減輕其痛苦的對象，也為我們自己和我們的關係帶來了一份禮物。正如海明威在《戰地春夢》中所寫的那樣：「世界打擊了每一個人，而在經歷過，人們會在破碎的地方變得更強大。」

Chapter 7

化解衝突
預防和管理衝突的原則和工具

　　衝突管理是人們能學習的最基本技能之一，對於那些處於蔬食／非蔬食關係中的人來說尤其如此。然而，我們之中很少有人接受過必要的指導來巧妙地管理我們的衝突。

　　想像一下，用如同我們大多數人接受過的少數衝突管理的訓練程度來駕駛一輛汽車。當你長大到可以開車時，你只會被告知要自己想辦法搞清楚該怎麼開車，你甚至從來沒有學過交通規則，因此你會笨拙的探索、東摸西摸並回想你看過其他人如何開車的記憶，而其他人也完全沒有接受過指導，並且在此過程中養成了壞習慣。最後，你直接開車上路了，但是在你當次以及隨後的駕駛中，你會遇到很多事故。最佳狀態下，你（和你撞到的人）只是暫時受傷的輕微碰撞；而

在最壞的情況下，你會發生導致永久性損壞的重大事故。當你一遍又一遍地重複這些壞習慣時，比如不繫安全帶和開進禁止通行區，這些壞習慣就會變得更加根深蒂固。因為不了解交通規則，你會因自己的違規而責怪別人，或者會因他人違規而責怪自己。恐懼經常伴隨在你左右：因為過去的車禍困擾著你而感到恐懼，恐懼是因為缺乏保護自己安全的技能而產生。你可能永遠不會冒險進入高速公路等高風險區域，因為你太害怕再次受到傷害。

衝突或人際之間的衝突是當其中一個或兩個人的需求都無法滿足時會出現的鬥爭，尤其是針對安全和連結的需求。在較安全的關係中，雙方通常能夠在正直誠信下熟練地處理衝突，並加強安全感和連結感。在不太安全的關係中，衝突往往會降低每個人的安全感和連結感。雖然衝突在安全關係中通常不那麼頻繁，但在所有關係中都是正常且不可避免的。重要的不是我們在人際關係中是否經歷衝突，而是我們如何體驗它，如何看待它以及如何管理它。

當我們不了解衝突的本質，沒有意識到它的價值，以及當我們沒有學會如何有效地管理衝突時，我們將會給自己和他人帶來巨大的痛苦。但是，只要意識到衝突的本質並了解其重要性，我們就可以防止除了必要之外的所有衝突。更重要的是，我們會意識到，我們遇到的每一次衝突都是一個機會：當我們以正直誠信的態度應對衝突時，我們的相互信任就會加深，關係的安全感和連結感也會加深。

慢性衝突：連結感的殺手

　　一般而言，導致我們關係問題的衝突不是一次性或短期事件；而是慢性衝突。慢性衝突是持續不斷的衝突，通常是由於我們未能管理或解決較短或更簡單的衝突，而這些衝突可能會發展得更複雜、更令人頭痛。對於許多處於蔬食／非蔬食關係中的人來說，他們的意識形態差異導致了慢性衝突的發展。

　　慢性衝突反映了頻繁重複發生到令人感覺無法解決的痛苦模式。隨著每一次的重複，衝突變得越來越混亂，因為新的誤解和傷害會層層疊加，使原來的問題變得複雜和模糊。例如，你希望在節日聚會為公婆帶去純素菜餚，而你的伴侶希望攜帶常見的肉食菜餚以表達對家庭傳統的尊重，始於兩者之間的簡單差異即可能發展為「不滿地雷區」——例如你或他的家人，誰才是他的優先考量？你曾多少次屈服於彼此要求的各種回憶；關於你的蔬食價值觀和家庭的傳統價值觀，尊重哪個更為重要的爭論。

　　久而久之，隨著不滿的堆積，我們無法找到解決辦法，於是變得越來越受傷、越來越憤怒、越來越敏感，因此而更容易被激怒，對挑釁的反應也更加強烈。我們也可能開始對對方願意以同理心回應我們

的意願失去信心，進而我們感到越來越不安全和無法信任。因此，我們越來越不願與對方分享想法和感受，結果使得自己變得越來越孤立和不安。

太多次未能解決衝突的失敗嘗試經驗會讓我們感到精神上和情感上的疲憊以及絕望，並導致我們直接避免說或做出任何可能引發衝突的事情。我們讓自己退回了冰封的休戰狀態，在這種狀態中，我們僅在關係的邊緣滑行，而非投入和參與關係連結。大多數親密關係，尤其是伴侶關係，往往會有一個或數個慢性衝突不斷重新浮現。慢性衝突是正常的，它們不一定是厄運的徵兆。當我們培養基本的衝突管理技能時，無論這些模式持續了多長時間，都可以被中斷。慢性衝突就像凌亂的毛線球；看起來是由許多絞在一起的線組成的，但通常它只是由一根長線纏繞而成的毛球，纏了太大顆以至於令人感覺不可能解開。一旦確定了讓我們陷入模式的特定態度和行為，我們就可以解開它並創造全新、更被賦予能力的態度和行為。

衝突的原因

衝突的原因通常可以追溯到以下四個因素之一：

■ 需求之間的競爭

■ 可能是或可能不是來自原有問題的行為

■ 初始情緒和身心狀態

■ 敘事——我們自訴關於行為、情緒或情況的故事

無論衝突的原因是什麼，在關係中大多數衝突的表面之下，都是因一方或雙方在努力爭取安全感和連結感而衍伸出的鬥爭，是為了讓雙方都能意識到並回應對方的需求。換句話說，儘管我們似乎在進行爭論，但通常在更深層次上，我們都在努力感到自己對對方來說很重要——感覺自己受到重視也被保護著。

需求之間的競爭

當我們的需求妨礙了他人的需求得到滿足時，或者角色互換，我們之間的需求就產生了相互競爭的關係。相互競爭的需求往往會導致衝突，但不是因為這些需求本身有問題，而是因為我們對它們抱持著

有問題的信念。

如果我們認為當需求間的競爭發生時，只有一個人的需求最終能夠被滿足，或者滿足我們自己的需求比滿足關係中的需求更重要（找出雙贏的解決方案），我們將不斷對抗，直到得到自己想要的結果，而這樣做的代價可能是會犧牲對方，當然也勢必會犧牲我們的關係。或者，如果我們將他們的差異視為缺陷並據此判斷，可能認為對方的需求是「錯誤的」，我們的態度或許會讓他們感到羞愧、憤怒和防衛。此外，如果我們認為對方的需求比我們自己的需求更重要，我們很可能不會尊重自己的需求，或無法讓對方尊重我們的需求，因此我們會感到越來越怨恨和疏離。

另一方面，如果我們認為「除非我們倆都快樂，否則我們不會快樂」，我們就會自動尋求雙贏，或者對雙方來說都足夠好的解決方案。例如，也許你的非蔬食伴侶需要在他們的家庭中「保持和平」，不想堅持你們倆舉辦的節日晚餐料理只有蔬食，但是家裡面不能出現動物產品對你來說很重要。你可以尊重伴侶的需求，而不會將其判斷為「錯誤的」，並一起考慮替代方案，例如在別人家共進晚餐。

行為

導致衝突的行為可以是主動的，也可以是被動的，它可以是我們做的某件事情，也可以是我們沒做到的某件事情。它可以是良性的，沒有負面意圖，也並非原先就存在的問題，或者也可能是本質上就對

關係不利的行為。

善意的行為（Benign behaviors）包括單純的溝通不良和誤解。例如，如果和你約會的非蔬食者帶著一瓶沒有蔬食認證的葡萄酒出現在晚餐約會中，你可能會將這個行為解讀為不尊重你，即使對方可能沒有意識到並非所有的葡萄酒都不含動物成分。

非關係行為是那些本質上不尊重的行為，包括批評、提出不公平的要求、投射、封閉（拒絕參與對對方來說很重要的互動），以及基本來說任何沒有同理心和同情心的行為。

初始情緒和身體情緒狀態

初始情緒（Primary emotions）是自動和本能的情緒。例如，當面對危險的襲擊者時，我們會本能地感到恐懼，這是一種初始情緒。初始情緒會引起衝突，單純是因為它們會使我們進入自動化反應的模式，而不會停下來思考自己的行為是否合理。

初始情緒不應與**次級情緒**（secondary emotions）混淆，後者是衝突鏈的一部分（如下所述），但在初始情緒之後。次級情緒可能是對初始情緒的反應，例如當我們對攻擊者的恐懼轉變為憤怒時。在這種情況下，憤怒是使我們能夠保護自己的次級情緒。次級情緒也可能是針對初始情緒或某種情況解讀後的結果。例如，如果你遇到一個陌生人，他略微暗示他們可能是危險的襲擊者，但你不確定他們是否真的很危險，你可能會因為感到害怕而批判自己，然後感到了「羞恥」

這個次級情緒。或者,假設你在聖誕節給你的非蔬食母親送了一籃純蔬食品,若她認為你在試圖將你的生活方式強加給她,她就會感到憤怒;若她認為你在與她分享一種正向積極的烹飪體驗,她則會感到相當高興。

身體情緒狀態(Physical emotional states)是由生理影響產生的情緒狀態。例如,由於化學物質失衡,你可能會感到沮喪、焦慮或焦躁。或者,如果你因目睹動物的痛苦而產生了次級創傷(STS),你可能會被令你想起創傷的事物(例如看到一卡車的動物被趕去屠宰)瞬間觸發強烈的情緒反應。這些狀態會引發衝突,因為它們會導致我們做出行為反應並創造敘事——關於我們處境的故事——從而導致衝突。例如,如果你情緒低落,你可能會難以傾聽,對批評過度敏感,對性失去興趣,而你可能會將自己對傾聽或性行為缺乏興趣解讀為你不再愛你的伴侶了。

敘事

我們受到了自我敘事的強烈影響,即我們根據自己對經歷或情況的解讀而編造的故事。例如,如果你與非蔬食父母分享一部含有動物屠宰畫面的紀錄片後,他們仍繼續吃肉,你可以用多種方式去解讀這種情況。你可以假設你的父母對養殖動物的關心程度不足以改變他們的飲食,因而批判他們很自私;或者你可以假設他們確實在乎,但沒有道德力量來支持他們的信念,從而認定他們很軟弱;或者你也可以考量他們已經吃傳統飲食很久了,以至於他們可能會覺得這種改變是

難以承受和不可能的，而你即便不喜歡，仍能夠接受他們的選擇。無論你認同哪種解讀，都將決定你對父母和情況的看法。

敘事有時是衝突的根源：有時一切都很好，但我們在腦海中創造了一個痛苦的故事，也針對這個故事做出了反應。例如，你可能在下班回家的路上路過一家舒適的燭光餐廳，這讓你感到遺憾，由於蔬食／非蔬食之間的緊張關係，你無法與伴侶分享浪漫的用餐體驗。你開始對伴侶感到生氣，並對你們的關係感到失望，故當你回到家時，你已經做好了衝突的準備。即使敘事本身不是衝突的最初原因，通常也是驅動、維持和增加衝突強度的關鍵因素。敘事總是會在衝突鏈上的某個點出現。

敘事讓我們陷入困境，主要是因為我們看不到它們的本來面目。我們只是假設我們所想的是事實，而不是自己在腦海中編造的故事。當我們處理情緒敏感的問題時，對敘事深信不疑是特別危險的，因為當處於高度情緒狀態或感到脆弱時，我們通常無法連結到大腦的理性部分，也就不太可能客觀地思考。但好消息是，一旦了解如何識別敘事，我們就能夠在很大程度上掌控它。

衝突敘事（conflict narrative）是我們告訴自己，關於我們的衝突的故事。[1]例如，也許你是一個有條理、守時的計劃者，而你的伴侶

1　有關理解和管理衝突敘事的優秀資源，請參閱 Andrew Christensen、Brian D. Doss 和 Neil S. Jacobson，《Reconcilable Differences: Rebuild Your Relationship by Rediscovering the Partner You Love ── Without Losing Yourself, 2nd ed.》（New York: Guilford Press, 2014）。書名暫譯《可調解的差異：透過重新發現您所愛的伴侶來重建關係──同時不迷失自己》。

喜歡無拘無束，經常遲到或遺失物品。作為一對伴侶，你們如何安排自己的時間和日常生活將需要大量的協調，如果不順利，你們很容易發展出慢性衝突，這種衝突反映了關於事情應該如何發展的權力鬥爭。你可能會創造出一個關於衝突的敘事，例如「我們不相容」，也許還有「我是對的，而我的伴侶是錯的，如果我的伴侶不能變得跟我一樣，我們就無法繼續在一起。」

與所有敘事一樣，我們的衝突敘事可能或多或少是準確的。此外，它可能是我們單方面的敘事，也可能是雙方的共識。衝突敘事也將決定每個人對衝突的感受以及要如何嘗試解決它。我們如何定義問題，決定了我們如何定義解決方案。

基模：我們佩戴的鏡片

基模（schemas）是心理框架。它們就像一副有色眼鏡，為我們所看到的一切著上了顏色。基模包括針對特定人物、群體或情況的信念、假設和印象。我們自動且自然而然地打造了基模，在腦海中創建類別以簡化思維處理的過程。例如，當你想到護士時，腦海中可能會立即浮現一個形象，很可能是一位身穿制服、具有醫療背景的女性照

顧者。所有的這些資訊都會被自動立即地提供給你，因為你有一個「護士」基模。

當涉及到關係時，我們針對自己和他人的基模對決定我們如何相處方面，起著重要的作用。儘管大多數人甚至不知道自己有基模，這些心理結構驅動著我們的許多想法、感受和行為。

自我基模

自我基模（self-schema）是我們針對自己的基模，它由一系列信念所組成，這些信念創造了我們的敘事和感受。對於我們所扮演的不同角色，例如專業人士、家長和倡導者，我們經常有幾種自我基模。

一種新的心理治療形式，稱為**基模療法**（schema therapy），此療法針對我們的關係產生負面影響的特定自我基模進行檢查。[2]有時，這些有問題的基模可能會導致和／或加劇我們在蔬食／非蔬食差異方面所經歷的衝突。有問題的基模奠基於一組對我們自己、他人和關係具有破壞性和不準確的信念。破壞性的信念會產生核心恐懼，從而驅動了許多扭曲的敘事、強烈的情緒反應和防禦行為——有時被稱為**防禦策略**（defensive strategies）。而我們的防禦策略，旨在防止我們的恐懼成為現實，卻往往導致我們害怕的事情真的發生了。

2　參見 Jeffrey E. Young 和 Janet S. Klosko，《Reinventing Your Life: The Breakthrough Program to End Negative Behavior… and Feel Great Again》（New York: Penguin, 1993）。書名暫譯《重塑你的生活：終結消極行為的突破性計劃》。

例如，如果我們有一個「拋棄基模」，我們就會相信自己不可愛，其他人最終會拋棄我們。我們擁有一個核心恐懼，就是我們會被拋棄。因此，當我們的伴侶沒有立即回覆電話或不專心時，我們就會創造出如下敘事：這樣的行為意味著伴侶正在拋棄我們。這樣的敘事會導致強烈的情緒，例如恐懼和憤怒。接著我們將採取防禦策略來減少痛苦，例如在被拒絕之前就先退出和拒絕對方，或者強烈地追著對方，以迫使他們與我們更緊密地聯繫。當然，這樣的策略往往會帶來我們試圖避免的恐懼：感覺被控制或受到攻擊，我們的伴侶可能會遠

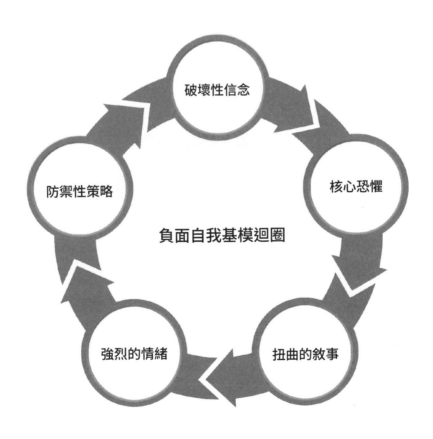

離我們。這只會證實我們不可愛並將被拋棄的破壞性信念。

並非所有的衝突都是由負面的自我基模驅動的，也並非所有的負面自我基模都來自於過去的制約；它們也可能是由心理問題引起的，例如憂鬱或焦慮。此外，並非所有有問題的自我基模都必然基於所謂的負面信念。例如，有時我們可能有個自我基模，將我們定位為優於他人：我們可能有個認為我們比他人更有原則，更自律的自我基模。我們可能沒有意識到我們只是擁有不同的原則，並且能夠在生活的不同方面遵守紀律。

他人基模

我們也建立了關於他人的基模，儘管這種基模很少像我們的自我基模那樣根深蒂固。[3]我們的**他人基模**是我們所持有關於他人是誰，以及他們為什麼做某些事情的一套信念和敘事。與我們的自我基模一樣，我們可能有好幾個關於他人的基模。我們通常有一個或兩個特定的基模來描述與衝突關係中的另一方，而對方同樣也有。例如，一個蔬食者對其非蔬食者兄弟姐妹的基模可能是：非蔬食者是自私的、懶惰的或意志薄弱的。而他的兄弟姐妹也可能有一個蔬食者基模：蔬食者都是道德魔人、愛批評又固執。

3　有關識別關於你自己和他人的基模以及改變衝突模式的優秀資源，請參閱 Matthew McKay、Patrick Fanning 和 Kim Paleg，《Couple Skills: Making Your Relationship Work》（Oakland, CA: New Harbinger, 2006）.書名暫譯《伴侶技能：讓你的關係順暢》。

確認偏誤

基模會產生**確認偏誤**（confirmation bias）——傾向於只注意和記住那些證實了我們的基模假設的事物，並賦予這些事物更多的價值，而不是那些與我們的基模相矛盾的事物。例如，你對非蔬食伴侶的確認偏誤可能會導致你忽視伴侶食用動物產品的數量顯著減少，而只注意到他們不吃蔬食的時候。

確認偏誤也會影響我們的衝突敘事和自我基模。隨著慢性衝突的每一次重複，我們對自己和彼此的敘事和基模都會變得誇大和固化。我們可能會開始將彼此視為漫畫手法下的誇張角色。〔譯註1〕

減少衝突敘事和基模帶來的負面影響的一種有效方法是積極尋找相反的證據。例如，如果蒐集伴侶吃蔬食的例子，或者為你的伴侶為何有時選擇不吃蔬食尋找其他解釋，你可以打破你所處的模式，更靈活、更客觀地思考。

〔譯註1〕卡通式大頭畫，把五官凸顯的部分誇大，讓人一看就知道是畫誰。此處比喻為把一個人的某些部分誇大實體化，只看那些部分，但那卻不是這個人的全部。

隱藏的期望和日益增長的挫敗感

我們為關係帶來了無數的期望，其中許多是我們自己都沒有意識到的，而且大多數沒有被清楚地表達出來。這些隱含的期望認定事情本就應該以某種方式進行，通常來自我們自己過去的經歷和我們對關係和其中的人應該如何運作的信念。例如，如果在你的原生家庭中，晚餐總是與每個人一起坐在餐桌前用餐，那麼你可能希望與你的伴侶和孩子一起做同樣的事情。我們很少談論這些期望，僅僅因為我們假設他人也有同樣的期望，我們通常甚至不承認自己有某些期望，直到它們沒有得到滿足並且出現了衝突。

雖然有些期望是健康和必要的，例如期望受到尊重，但當我們對這段關係提出不切實際或不公平的期望時，或者當我們要求對方「應該」遵守可能根本不符合對方利益的我們的期望時，就可能會遇到麻煩。例如，如果你希望你的伴侶會與你一同融入社交聚會，但他們大部分的時間都花在與某個人在場邊交談，有時甚至看自己的書，你可能會對你將解讀為反社交和粗魯的這些行為感到沮喪。

認識期望是很重要的一步，如此它們才不會導致長期的沮喪、失望和衝突。我們的沮喪和失望與我們的（正面的）期望成正比：當期

望沒有得到滿足時，我們會變得失望和沮喪。當我們期待好天氣但卻下雨時，當我們期待平穩順暢的交通卻碰上交通壅塞時，或者當我們期待我們最好的朋友在了解畜牧業後能成為蔬食者而她沒有時，我們的反應通常是沮喪或失望。若預料到任何以上的這些結果，我們可能仍然不會喜歡，但不會感到同樣的煩惱。在人際關係中，當我們的期望長期受挫時，我們也可能會長期受挫，以至於像在洗碗機中該將叉子朝上還是朝下放置這樣微不足道的事情可能也會變成一場全面的權力鬥爭。

當你發現自己對你們的關係感到沮喪或失望時，停下來問問自己，我有什麼期望沒有得到滿足？接著可以檢查你的期望：它是否是件瑣碎的小事，例如衛生紙捲應該掛在哪個方向？還是這件事真的很重要，例如你的家人是否認真對待你的蔬食主義？你的期望是否符合你自己和你的關係的最大利益？它是否反映了你的核心需求，以使你在關係中能感到安全和連結？

一旦你對自己的期望有了一些明確的了解，你就可以與對方進行對話。將我們的期望攤開來客觀地審視，開放地討論期望，對於維護我們關係中的安全和連結來說是至關重要的。

「難搞」夥伴帶來的禮物

大多數人沒有關注關係的健康，因為我們已經相信一個（良好的）關係就應該會很輕鬆的迷思——如果我們必須努力使關係順暢，那麼它可能不是適合我們的關係。這種假設可能存在於所有關係之中，而在伴侶關係中尤其常見，浪漫小說、好萊塢電影也都推崇這種假設，而事實上我們大多數人都沒有接受過如何維持健康關係實際需求的相關教育。安全、相互連結的關係需要時間和努力，以及解決誤解、傷害感情和任何衝突的意願。

通常在關係中，會有一方比另一方更偏「關係型」，這意味著他們更能體察和回應關係的需求，因此他們往往是進行更多關係維護的人，努力維持關係健康。例如，當出現關係困擾的徵兆時，他們會第一個敲響警鈴；也許是缺乏情感聯繫的情況持續了一陣子，或者可能是姻親開始介入雙方的關係。

在人際關係中分工是很正常的：我們傾向於做更多自己天生擅長的事情，而讓另一方做更多他們天生擅長的事情。例如，安全依附型的那位伴侶將扛起在困難時期讓這對伴侶保持樂觀的重擔，而身體較靈巧的那位將處理房子周遭的問題。當我們看到並重視每個人帶來的

優勢，並認知到他們所付出的努力時，關係就會更加連結和安全。

重視那些使我們的關係保持可持續和健康的優勢尤為重要，然而，由於人們普遍認為關係不應該付出努力去維持，我們經常貶低而非欣賞「關係型」的人。例如，當他們試圖談論問題時，他們的擔憂可能會被忽視，甚至可能在一開始就被認定是造成問題的原因：「明明一切都很好，直到你開始去挖掘我們一周前的爭論。不能就算了嗎？」或「我很快樂，我們的關係也很好。為何你一定要沒事找事？為何總要找事情來抱怨？」當然，當一方出現問題，關係就會出問題。

想像一家銷售公司的風險分析師。分析師負責注意風險並提出避免風險的方法。如果每當分析師發出警告時，其他人就說他們是「無中生有」，或者認為他們很「難搞」的話，會發生什麼事？

事實是，與關係本身變得難搞相比，只有一個人難搞的可能性要小得多。關係就像房屋或汽車，若缺乏妥善維護，未來反而需要花更多功夫去處理問題。

被觸發因素劫持

被觸發是一個既能引起衝突又能加劇衝突的因素。當被觸發時，我們會被強烈的負面情緒所劫持，導致我們會透過情緒的濾鏡來看待這個世界。

當我們對某種情況的反應強於預期和情緒反應「過激」時，就表示我們被觸發了。當我們被觸發時，就像車速從零瞬間加速到100公里一般。我們的情緒突然爆發，就好像一根短引線被點燃，很快就會引發爆炸。我們都知道被觸發是怎樣的感覺，而且通常至少知道會觸發到我們的有哪些事物。當我們說某人或某物「踩雷了」，通常指的就是一次觸發。

被觸發會導致某些最激烈的衝突，並且可能為已經很複雜的蔬食／非蔬食關係間的相互動態再增添一層額外的複雜性。被觸發也是解決衝突的主要障礙。當我們被觸發時，就無法理性或富有同理心地思考、感受和行動。我們大腦中理性和平靜的部分完全關閉了。如果沒有意識到自己被觸發，我們可能會在衝突中繼續向前推進，說出和做出一些有害的事情，損害我們的關係。

因為被觸發是一種非常不舒服的體驗，所以許多人會竭盡全力地

避免它，最終導致的問題可能比它解決的要多。例如，如果我們因不被傾聽而被觸發——若將這種反應解讀為我們不有趣或不重要——我們可能反而會說更多，這可能導致對方更不願意聽，而這正是讓我們感到害怕的行為。

我們被觸發的反應是相當深層的模式，每次重複都會使其變得更加根深蒂固，就像唱片上的凹槽一樣。如果我們沒有意識到這些模式，就可能會保持自動駕駛並不斷加強這些固有模式。例如，每當我們為了避免不被傾聽而說話過多，而最終被對方忽略時，我們對自己不有趣或不重要的信念就會得到加強，對觸發因素產生反應和強化它的惡性循環也會持續下去。

被觸發具有傳染性。關係中的一方被觸發時，另一方也會很容易被觸發。當互相觸發時，我們會證實彼此心中的恐懼並強化我們的極端反應。例如，以蔬食者安娜亞和非蔬食者喬恩為例。安娜亞的觸發因素之一是感覺自己智商不如人，在討論蔬食主義時，喬恩說了一些讓她解讀為是輕視她的意見的話。安娜亞感到羞愧和憤怒，她攻擊喬恩，稱他是一個固執己見的知識分子惡霸。喬恩的父母過去常常稱他是自我中心的人，因為他對他人的經歷不是很能覺察和足夠敏銳，他被觸發了，他感覺被批判為自私的人，所以在道德上是低人一等的。因羞愧和憤怒，他猛烈抨擊安娜亞，說她反應過度並且不理性，這證實了她對自己不夠聰明（她「不理性」）的恐懼，並進一步觸發了她。故當然，她指控喬恩感覺遲鈍，而這又進一步觸發了他。

觸發範圍

當被觸發時，我們處於高度激發狀態，這意味著我們在情緒上和身體上都相當激動且感到不安。我們可能會僅被輕微觸發或者完全被劫持。觸發狀態會顯現在光譜範圍上的某一點。通常，當處於低度或輕度觸發狀態時，我們甚至沒有意識到自己被觸發了。我們可能只是高度敏感或容易受傷，並且可能持續數小時、數天甚至數年。當最親近的人無法成為自己的盟友時，蔬食者可能會活在低度的慢性觸發狀態中。暴露於創傷性觸發因素的持續威脅會讓蔬食者保持高度警惕，隨時準備好抵禦更多的痛苦。非蔬食者也可能會被慢性觸發，擔心說錯話或做錯事會激怒蔬食者。每當有重大衝突尚未被完全解決，雙方都可能在很長一段時間內保持觸發狀態。

處於低度觸發狀態，除了感覺不好、消耗精力和對我們的人際關係產生負面影響之外，它的問題在於，輕微激起的水花很容易變成全面的情緒洪流。輕度的踩線行為可能會演變成大爆發。

當被完全觸發時，我們處於一種像是被洪水淹沒的狀態，[4]神經系統完全被腎上腺素和其他激素淹沒。我們處於戰鬥—逃跑或凍結模式，一心想著如何擺脫給我們帶來如此痛苦的情況。當被淹沒時，我們無法理性思考，我們的創造力和同理心也受到了嚴重損害。我們的

4　參見John Gottman，《What Makes Love Last? How to Build Trust and Avoid Betrayal》（New York: Simon and Schuster, 2012）。書名暫譯《是什麼讓愛情持久？如何建立信任和避免背叛》。

思維變得非黑即白，情緒也都是負面耗竭感，身體處於高度戒備狀態。要一個被淹沒的人從其他角度考慮情況，就像要一個溺水的人深思政治問題一樣。我們所說的話會被置若罔聞，因為對對方來說，唯一重要的是活下去，回到安全的地方。．

洪水問題不會僅僅因觸發刺激停止就解決。即使我們解決了導致洪水的衝突，一旦我們的身體處於如此強烈的激發狀態，它就會一直保持這種狀態，直到我們的系統能夠重新校準。淹沒我們的所有荷爾蒙和其他化學物質都需要時間消退，痛苦的情緒也需要時間消退。大多數人在被淹後至少需要20分鐘才能平靜下來；有些人需要更長的時間，有些情況的觸發可能強度較大，即使是那些通常能快速校準的人，也需要更多時間才能安定下來。

當我們意識到自己的激發水平時，我們就能在更好的狀態下做出健康的選擇。例如，當認知到自己被輕微觸發時，你會意識到你的情緒被誇大了，看法也被扭曲了，就不會把自己的感受和想法看得太重，也不會根據當時的經驗去做出決定。

當我們意識到對方的激發水平時，我們可以用更好方式回應他們的需求。例如，如果另一個人被淹沒了，你可以尊重他們需要時間冷靜下來，而不是在衝突期間或衝突之後立刻急著解決。

觸發的配方

伴侶治療師克里斯藤森、多斯和傑克布森（Christensen, Doss,

and Jacobson）解釋說，觸發的典型配方有兩種或三種成分——情緒過敏（他們使用「心理過敏」這個詞）、挑釁，有時再加上壓力環境。[5]當這些成分中至少有前兩項組合在一起時，我們就會被觸發。

情緒過敏（Emotional allergies）是我們原先就具有的敏感或脆弱。例如，你可能對無能或失控的想法非常敏感。我們都具有某些情緒過敏，並會將它帶入我們的關係中。識別自己和他人的過敏源，能讓我們對這些敏感區域加以保護，如此一來將能帶來真正的轉變。有時，保護對方的情緒過敏需要我們做一些看起來不公平的事情，比如若對方有被遺棄的過敏源，就會需要格外用心地安撫他們，或者如果他們對背叛過敏，就讓他們能夠使用我們的手機。通常保護他人的行為看起來並不理性，但那是因為情緒過敏本身就並非理性的。即使我們自己的過敏與他人的過敏症發生衝突，例如也許我們對感覺被控制過敏，而對背叛過敏的另一個人需要知道我們的下落和對外往來情況，我們仍然可以在維持討論解決方案的對話同時，也保持對他人安全的承諾，以讓雙方都能感到安全。

挑釁（Provocations）是導致我們過敏發作的行為。例如，如果你的非蔬食伴侶對自己不是一個好人的感覺過敏，當你暗示她吃的放牧雞蛋（free-range eggs）〔譯註2〕並非無殘忍的事實時，她可能會被觸

---

5   有關觸發配方和管理衝突的方法的優秀說明，請參閱 Andrew Christensen、Brian D. Doss 和 Neil S. Jacobson，《Reconcilable Differences: Rebuild Your Relationship by Rediscovering the Partner You Love——Without Losing Yourself, 2nd ed.》（New York: Guilford Press, 2014）。書名暫譯《可調解的差異：透過重新發現您所愛的伴侶來重建關係——同時不迷失自己》。情緒過敏一詞是由 Lori H. Gordon 創造的，參見她的文章 "Intimacy: The Art of Relationships," Psychology Today, December 31, 1969.

發。你的評論就是一種挑釁。挑釁也可以是我們自己的想法。例如，如果你對背叛過敏，你可能會因為想像你的員工做一些欺騙性的事情而被觸發。挑釁可以是一種完全無辜的行為，只會引起我們的反應。例如，也許你的父母在你待業期間給你錢來幫助你，但你對貧困的過敏會被觸發，因為你認為他們暗示你不夠獨立。

環境壓力是指除了過敏和挑釁之外，影響我們反應的任何事物。當環境令人感到壓力時，我們被觸發的風險就會增加。例如，如果你睡眠不足，或在工作中度過了緊張的一天，或者正在處理個人危機，你將更容易因挑釁而動搖。反之，當環境壓力越小，我們就越不容易受挑釁影響。

與身體過敏一樣，情緒過敏也分布在嚴重到輕微的範圍中。挑釁也可能是嚴重的或輕微的。所以我們被觸發的程度取決於我們的過敏程度和挑釁的嚴重程度。舉例來說，如果你只是對花粉輕度過敏，並且空氣中沒有太多花粉，那麼你的反應將與嚴重過敏且花粉含量高的情況截然不同。如果你的免疫系統因疾病或壓力而減弱，你的過敏反應將會加劇。

情緒過敏和反應會給我們帶來很大的羞恥感，因為當被觸發時，我們會感到非常脆弱，並且會感到非常失控，也因為我們經常會對別

〔譯註2〕放牧雞蛋（free-range eggs）友善生產系統之設施應符合諸多條件，其中之一如：雞舍室內及戶外提供雞隻地面自由活動，並提供適當之棲息設施。（參考資料：雞蛋友善生產系統定義及指南https://law.coa.gov.tw/glrsnewsout/LawContent.aspx?id=GL000691）

人做出事後會讓自己後悔的事情。因此，意識到每個人都會被觸發並會對挑釁做出反應，可能會有所幫助。即使是我們之中最善於維護關係的人也不能倖免於被觸發，即使是最安全、最緊密的關係，也同樣具有會造成觸發的互動。

舒緩觸發

　　某些行為可以幫助我們在被觸發後冷靜下來。**自我調節**的行為（Self-regulating behaviors，例如深呼吸或數到10）能幫助我們讓平靜下來，而**共同調節行為**（co-regulating behaviors）能幫助我們讓彼此安心和平靜。[6]

　　儘管我們可以用理性思維讓彼此安心並發展洞察力，但關係專家蘇珊·坎貝爾（Susan Campbell）和約翰·格雷（John Grey）建議我們至少也要運用一些繞過理性思維的共同調節行為，因為當我們被觸發時，被活化的是大腦中的非理性部分。[7]我們可以運用如觸摸、眼神交流、舒緩的語氣和簡短、令人安心的話語來進行共同調節。神經心理學家史丹·塔特金（Stan Tatkin）建議我們養成定期進行共同調節行為的習慣，尤其是在分離和重新連結的時候，例如當我們離開

6　有關管理觸發的更詳細說明，請參閱 Susan Campbell 和 John Grey，《Five-Minute Relationship Repair: Quickly Heal Upsets, Deepen Intimacy, and Use Differences to Strengthen Love》（Novato, CA: New World Library, 2015）。書名暫譯《五分鐘修復關係：快速治癒不安，加深親密關係，並利用差異來加強愛》

7　同6。

工作或回家時，以及當我們入睡和醒來時。[8]加上擁抱、眼神交流和歡迎語氣的再會或打招呼，可以創造出維持我們安全感和連結感的奇蹟。

情緒覺察：防禦性和脆弱的情緒

當檢視我們在衝突中的情緒反應時，以下問題可能會有所幫助：在明顯的情緒之下，可能還隱藏著哪些更深、更脆弱的情緒？

當覺察自己的情緒反應時，我們可能會注意到兩種情緒——脆弱的情緒和防禦／保護的情緒。通常，我們在開始時會感到脆弱，但很快就會變得防禦。我們最終會與最初的感受失去聯繫，只會感受到那些為了保護我們免受進一步傷害的情緒。

當我們沒有意識到觸發保護性情緒的更深層次、更脆弱的情緒時，我們無法得知如何能讓自己真正感覺更好的需求是什麼，也因而

---

8   參見Stan Tatkin,《Wired for Love: How Understanding Your Partner's Brain and Attachment Style Can Help You Defuse Conflict and Build a Secure Relationship》（Oakland, CA: New Harbinger, 2011）。中文譯本《大腦依戀障礙：為何我們總是用錯的方法，愛著對的人？》。

無法與他人溝通我們的需求。例如，當晚餐時有人拿你的蔬食主義開玩笑，而你的伴侶不支持你時，你可能會感到難過和羞愧。你需要感受到伴侶的見證，並感受到他們在背後支持你，是你的盟友。你需要感覺自己的經歷對他們來說很重要，並相信當你受傷時他們會在你身邊。如果你沒有意識到自己脆弱的感受和需求，你就無法將它們傳達給你的伴侶。因此，你將無法轉向伴侶並分享你的想法和感受，而是會感到憤怒，對他們冷漠，並在情感上退縮。

另一個問題是，我們的保護性情緒往往會引發他人的保護性情緒和行為。例如，憤怒通常是一種保護性情緒，也常常會引起對方的憤怒或退縮等防禦策略。

當說出自己的脆弱時，我們更有可能被以同理心和同情心對待。正如我們的保護性情緒傾向於激發他人的保護性情緒一樣，我們的脆弱情緒也有助於他人連結自身的脆弱情緒。

衝突鏈

大多數衝突，特別是慢性衝突，並非源自於單一因素，而是由一系列因素的連鎖反應引起的，每個因素都會再引發下一個。大多數衝

突並非實際問題的結果，而是我們對某些因素的反應。衝突的引發通常是當我們以非建設性的方式對一個因素做出反應時，會讓對方也以非建設性的方式對我們作出反應，導致我們再以非建設性的方式作出回應……如此持續下去。每當這個循環重複時，衝突就會加強，發展為慢性和更複雜的衝突。

防禦策略

我們的非建設性反應屬於防禦性策略，是我們管理痛苦的方法，旨在保護我們免受進一步的痛苦，並得到一種控制感。防禦策略通常是在我們小時候為了找尋應對痛苦情況的方法而發展出的應對機制。例如，如果你有一個憤怒和虐待型的父母，你可能已經學會透過變得消極、與感受脫節和斷絕互動來應對他人的憤怒。這種應對機制可能在你還太小，不知道任何其他方法來管理痛苦時為你提供了幫助，但它最終會對你長大成人後與他人的互動造成不利的影響。但因為我們使用了這個應對機制這麼久，它們已經根深蒂固了；已經演變為自動、不加思索的反應，我們甚至不認為它們是不具建設性的策略。

我們的防禦策略最終可能會產生新的問題，這些問題通常比我們最初處理的問題更糟糕。例如，想像一下當你感到憂鬱時，求助於酒精而非尋求幫助。為了控制憂鬱症的痛苦，卻落入另一種更複雜的情況──酗酒。所以現在你必須處理憂鬱症和酗酒問題，並試圖弄清楚眼前的哪個問題是來自憂鬱症、哪個問題是來自於酗酒。

打破衝突鏈

打破衝突鏈需要時間、投入和反覆試驗。繼續使用防禦策略要容易得多，即使從長遠來看，它們對我們沒有幫助。當我們停止使用它們時，就會面臨它們能緩解的恐懼——而面對這些恐懼需要勇氣。例如，當你誠實而直接地說出你害怕因接觸肉類而被觸發，或者你害怕在面對意識形態差異時無法與他人保持連結時，你就會鬆開控制並暴露你的脆弱。這種關聯模式的變化是困難的，並且伴隨著學習曲線。〔譯註3〕所以我們需要對自己保持耐心和同理心，每當我們以自己並不特別感到光榮的方式行事時，不要去強化心中的負面基模。

覺察是打斷衝突鏈條的第一步：我們必須努力去了解鏈條中的每一個因素（並了解我們可以在過程中的任何一點打斷鏈條）。在你感到衝突升起時，把它寫下來，是非常有幫助的。當你經歷了一場衝突，試著逐字逐句地寫下你記得的內容，然後回過頭來嘗試了解驅動這場衝突的具體因素。你寫下的衝突越多，就越容易解開它們並防止它們再次發生。一旦你清楚了自己的衝突鏈，你就可以思考其中每個因素的替代方案，中斷這條衝突鏈的方法。改變模式不僅僅是停止那些不起作用的模式，也是關於用有效的方式去替換它們。[9]附錄 3、4

〔譯註3〕依學習的次數或嘗試的次數所繪成的曲線，顯示出經驗與效率之間的關係。例如越是經常地執行一項任務，每次所需的時間就越少。

9　　請參閱 Andrew Christensen、Brian D. Doss 和 Neil S. Jacobson，《Reconcilable Differences: Rebuild Your Relationship by Rediscovering the Partner You Love—— Without Losing Yourself, 2nd ed.》（New York: Guilford Press, 2014）。書名暫譯《可調解的差異：重新發現您愛的伴侶並重建關係，同時不迷失自己》。

和 5 提供了一個示範衝突、一個供你填寫的圖表，以及一組幫助你完成圖表的引導問題。

與可以幫助你釐清想法並可能看到你的盲點的人談談也很有幫助。但請記住，只與你信任其正直且從不貶低他人或你的關係的人討論你的問題——即便他們認為這段關係確實存在問題——否則只會使情況變得更糟。

通常最好在你清楚自己的行為和反應之後，才與他人進行交流。你可以安排時間坐下來討論你的想法和感受，以及你需要什麼才能再次感到安全和連結。為了有效地做到這一點，理解有效溝通的原則很重要，我們將在下一章做進一步的討論。

有效的衝突管理

有效的衝突管理需要我們盡可能地以同理心和清晰的態度去理解衝突和參與其中的每個人。盡我們所能地將誠信正直和覺察帶入，為痛苦的互動經驗帶來轉變。理想情況下，雙方都共同致力於這個過程。但即使對方不願意這樣做，只要他們沒有暴力言語或行為，你仍然可以繼續努力並改變自己的互動方式，如此一來將有助於衝突循環

的轉移。在你練習了本節討論的原則和工具之後，如果對方仍然無法或不願意這樣做，那麼你就得到了關於這段關係的重要訊息，可以考慮你是否真的想要繼續投資這段關係。

將安全放在第一優先

為了用有同理心的方式去處理衝突，我們必須將對方的安全和保障放在首位。感到不安全的人往往無法理性和同理他人。為此，必須避免威脅拋棄或羞辱對方的行為。威脅要離開關係，即使你當時確實是認真的，通常會讓對方感到殘忍，可能會對你努力建立的信任造成毀滅性的打擊。即使是間接威脅也會產生這種影響。同樣地，指出對方不夠好，特別是如果你將他們與他人進行負面比較，可能會令人心碎，並留下永遠無法癒合的傷口。破壞安全感的行為會在我們與他人之間造成隔閡，並可能造成嚴重損害。

發展覺察

為了能有效管理衝突，我們必須致力於培養對自己和他人的覺察。如果我們保持自動駕駛狀態，就無法打破攻擊—反擊的循環。

我們需要學會成為自我觀察者，從想法和感受中退後一步，盡可能客觀和富有同理心地見證它們。當以這樣的方式見證自己時，我們的思想和感受就比較不會影響我們，我們也將能培養出洞察力和自制力。

我們也能將覺察帶入自己的反應，在做出某種行為之前停下來問自己，這樣做是否真的有用？它是否反映了我們的價值觀和我們想成為的人？我們也許仍會感到痛苦，但卻不必被痛苦控制。

我們可以見證我們的痛苦，嘗試了解它的來源，稍作等候，並決定不以防禦的方式做出反應。這種在自己與思想和感受之間創造空間的行為是相當奧妙的作法。這是一種正念行為，是一種經過經驗驗證的實踐，可以減輕壓力、改善人際關係並提高我們的整體生活質量。正念幫助我們從自動反應轉為做出有意識的反應。

許多人道歉的方式都並非真正有助於抵消可能造成的傷害。有效的道歉是管理和修復衝突的過程中，相當重要的一部分。有效的道歉可以讓對方恢復信心：

- 我們了解我們所造成的傷害，
- 我們對自己的所作所為感到懊悔，
- 我們對自己的行為負責，並且
- 我們將盡最大努力防止同樣的事情再次發生。

為了讓對方感到安心、感到我們真正關心他們的福祉，並且不會再讓他們以同樣的方式受到傷害，這些是必須的要素。一般來說，當我們已經道歉，對方卻仍要求道歉時，是因為最初的道歉不足以讓他們感到安心。對他們說：「我已經說了對不起。你還想要什麼？」可能只會讓事情變得更糟，因為這表明了這次溝通並未關注到另一方感到不被看見和／或不安全的事實。這也反映了我們沒有意識到自己的道歉可能並未被有效地傳達。此外，如果我們以這種方式回應安撫的

需求，對方可能會離開並停止尋求他們真正需要以再次信任我們並與我們重新建立連結的道歉。說出「我很抱歉」不太足夠以讓對方感到被見證、連結和安心。

有效的道歉包括以下內容：

- **直接說抱歉**：使用「我很抱歉」或「我道歉」。
- **表明你對自己的行為負責，並且知道是什麼行為造成了傷害**：「對不起，我對你大喊大叫」，而不是「對不起，我傷害了你的感情。」說「我對你的受傷感到抱歉」是對受傷表示同情（例如，「我很抱歉你的魚死了」），而不是承認你對受傷負有責任。
- **同情並口頭表達你理解你的行為造成的痛苦**。你的道歉應該與對方所經歷的痛苦具有相似的情緒強度。如果說出了你知道對對方來說是毀滅性的話後，只是用隨意的語氣說「對不起」，是不夠的。而且，可能需要多次重複的道歉。許多人抗拒重複道歉，但這種抗拒往往更多是出於自尊。如果只是重複我們的道歉，就可以讓另一個人感到安全，我們為何不這樣做呢？
- **提供賠償，彌補對方**。你可以問做什麼可以幫助對方感覺更好？如果你可以接受他們的要求，那就去做。
- **接受這種寬恕可能需要時間**。因為你雖然道歉了，並不意味著對方會自動感到信任和寬容。

有效衝突管理的原則和工具

以下指南有助於減少你所經歷的衝突，並將破壞性衝突轉變為建設性衝突。

- **成為「衝突盟友」**。改變你的衝突敘事，這樣你們就不再是彼此的對手，而是將彼此視為一同應對威脅你們關係安全和連結的盟友。
- **在做出反應之前暫停一下，深呼吸5次**。如果對剛剛發生的事情做出反應並非有時效性的限制，就先暫離，直到你有時間冷靜下來。例如，你可以練習在至少睡一晚之前不要發送情緒化的電子郵件。對於衝突中的行為，我們大部分會感到遺憾的都是因為反應太快，而非等待太久。
- **盡你所能保持對彼此的善意**。在情況未明朗前不妄下定論。
- **請記住，大多數的衝突都可以被修復，很少傷害是無法挽回的**。在衝突期間的任何時候，我們都可以改變理解和回應衝突的方式，並將動力轉向修復。
- **在進行討論之前讓情緒冷靜下來**。如果你感到被觸發，或者若你覺得自己不受尊重，請要求暫停。同意在一段特定的時間後重新聯繫對方，最好是在30分鐘到幾個小時之間，如果雙方都感到足夠冷靜，就可以重新開始談話。有些人比其他人需要更多的恢復時間，所以要尊重每個人的需求。
- **將目標放在充分了解彼此的敘事、感受和行為**。理解有助於抵消扭曲的敘事，並幫助我們重新建立同理心。當你為自己的行為做

出解釋時，一定要指出你是在為任何可能傷害對方的行為提供解釋，而不是在找藉口。

- **在適當的時機運用幽默感**。富有同理心的幽默感能貫穿防禦並幫助提醒我們，那些經常發生衝突的事件並不一定像它看起來的那樣具有威脅性。

- **不要跨界**。記住：你只能確定你的想法和感受。雖然嘗試同理很重要，但除非對方告訴你，否則你無法真正了解他人的想法和內心真正的感受。

- **一次僅探討一個話題**。你可能會想翻舊賬，但是當一次討論太多話題時，衝突很容易變得混亂和無法負荷。大多數（若非全部）慢性衝突都有一個核心。試著找出這個核心，那些看起來似乎不同的衝突也許都只是同一個核心問題的不同表現。例如，與其和你那總是很忙的伴侶探討她直到最後一刻才讓你知道她改變了周末計劃，而且經常在匆忙之下離家，她的髒盤子就一直放在水槽裡，直到你去把這些盤子洗掉這件事，你可以找出根本的問題——她似乎不像珍惜她自己的時間那樣珍惜你的時間。

- **避免我們在第一章中討論的疏離的態度和行為**，如批評、論斷、貶低等。

- **避免**心理學家米拉・科申鮑姆（Mira Kirshenbaum）所提到的「**避而不談**」，一次次的把話題從議程中移除而不去討論。[10]

10　參閱Mira Kirshenbaum,《Too Good to Leave, Too Bad to Stay: A Step-by-Step Guide to Help You Decide Whether to Stay In or Get Out of Your Relationship》（New York: Penguin, 1996）。書名暫譯《捨不得離開，不甘心留下：幫助你決定該留下，還是離開你的關係的指南》。

- **進行我們在第一章中討論的情感連結行為**，如富有同理心的見證和轉向對方。

- **意識到你如何從衝突中恢復**——你做了哪些事情來修復受傷的感覺，以及根據過往的衝突帶來的學習，你採取了哪些行動——可能比衝突本身對你們關係的安全和聯連結產生更大的影響。

- **致力於寬恕**，我們將在第 9 章討論這個問題。

- **每周安排一次定期會議**，時間約為30分鐘，以討論你們的關係並確保問題不會惡化。

- 如果無法找到能充分滿足每個人需求的解決方案，請從1到5 中挑選一個數字，對你們每個需求的重要性進行評分，然後**優先考量每個人最高分的需求**。

- **學習有效溝通**。有效溝通是一種技能，它本身可以為關係帶來轉變，我們將在下一章討論它。

當我們學會有效地管理衝突時，衝突可以成為增加我們的誠信和深化關係的安全和連結的機會。有效的衝突管理需要我們培養能增進清晰和洞察力所必需的自我覺察，以及允許脆弱和表達真實自我的勇氣。它需要我們優先考量同理和公平，而非控制和防禦。

久而久之，我們將能夠逐漸相信，即便在衝突中我們也能保持安全和連結，而我們將可以更完整地做自己，不再害怕斷開連結，並在我們的蔬食／非蔬食者關係中坦率地分享我們的想法、感受和需求，並允許對方也這樣做。有效的衝突管理可以幫助我們的生活和人際關係發揮出最大潛力。

Chapter 8 有效溝通
成功對話的實用技巧

　　對於許多蔬食者來說，與非蔬食者溝通可能會讓人感到困惑、沮喪和低落。蔬食者知道他們選擇不食用動物是基於大多數人所共有的同理和正義原則，以及蔬食主義不僅是理性和道德的，而且對現今許多人來說也是可行的。然而，蔬食者可能會發現自己有苦難言和感到絕望，因為他們遇到了許多非蔬食者的防禦。他們可能會盤問蔬食者的信念和做法，從中尋找虛偽的跡象或爭論中的漏洞；他們可能會提出非常不準確的關於蔬食主義的陳述，並將其視為確切的事實。此外，非蔬食者通常僅僅表達出了來自他們生長環境的信念體系的認定和制約，很少會去意識到這些防禦行為。大多數非蔬食者無法意識到，他們說出口的，或多或少是肉食主義的語言。

有效溝通可能是任何人都可以學習的最重要技能，它的好處遠遠超出了幫助對接蔬食／非蔬食者間溝通差距的作用。有效溝通能夠真正改變我們的生活和人際關係，讓我們的所有互動更健康、也更有成效。為了進行有效溝通，我們必須有所覺察，並能夠以同理和清晰的方式表達我們的想法和感受，並幫助他人也這樣做。因此有效溝通不僅僅是把正確的詞串在一起，而是一種生活方式。有效溝通是一種與自己和他人建立聯繫的方式，有助於建構理解、同理心和誠信正直，並在關係中帶來更多連結和安全感。

我們不斷地在進行溝通，因為我們一直有互動。無論是口頭還是透過其他方式，我們的互動總是在傳遞訊息。但是，我們在溝通時時常處於自動駕駛狀態，且對我們正在發送的訊息毫無覺察。例如，如果你的兄弟透過電子郵件發送了你一直想要的食譜，而因為忙碌，你沒有回覆「謝謝」，那麼你正在傳達的是：你要麼是不感謝他的努力，要麼是不夠在乎到足以花時間表達你的感激之情。無論是哪一種情況，他都會得到這樣的訊息，即他的經歷對你來說並不重要，並且或多或少地，他會感到不滿並且降低與你的連結。當學會了有效溝通，我們會更加意識到自己和他人，從而產生有意識而非基於自動反應的互動，並增加而非減少我們關係中的安全感和連結感。

無效的溝通是蔬食者和非蔬食者之間衝突的主要原因之一。這也是許多人的生活和人際關係中爭論和長期挫折之所以如此盛行的一個關鍵原因。

當我們不知道如何有效地溝通時，可能會因無數的誤解、為了被

理解而不斷地試圖修改和重新表述我們想說的話，以及對於那些似乎永遠無法解決也不會消失的問題感到懸而未決,而變得筋疲力盡、不滿和絕望。我們也可能開始對整天在社交媒體和其他地方接觸到的許多會毒化意識的毒舌評論感到精疲力竭，因為我們沒有意識到這些溝通方式是有害的。當進行有效溝通時，我們會省下大量的精力，我們不僅可以在很大程度上避免令人筋疲力盡和有害的互動，也不會再對有口難言、無法清楚地表達我們需要說的內容的情況感到負擔。

所有人都可以進行有效溝通。它是一種方法、一套技能，使我們能夠理解他人，也能被他人理解。它基於一套原則和工具，這些原則和工具需要付出努力和實踐，任何真正願意投入的人都能夠學習。

健康的過程：有效溝通的基礎

每一次的交流都包含了兩個部分：內容和過程。內容是我們溝通的主體，過程是我們溝通的方式。人們傾向於記得更多的過程而非內容本身；一旦對話結束，我們通常不會回憶起很多內容，但確實會記得我們在互動過程中的感受。

保持過程健康

　　有效溝通建立在健康的過程之上。無論我們溝通的是什麼，健康的過程都是一樣的。例如，討論我們是否應該在星期六晚上待在家裡或外出，或者家中是否應該放置乳製品，都適用相同的健康過程原則。當有健康的溝通過程時，我們的目標或意圖就是相互理解。我們的目標不是獲勝或正確，而是理解和被理解—— 分享我們經歷的真相。如此一來，這種健康的程序是能產生連結的，這種努力永遠能夠創造雙贏。

　　通常當進入溝通時，我們並沒有意識到自己的意圖。我們可能會被渴望驅使去達到自己的目標或證明我們的觀點，但自己卻沒有意識到這一點。進行自我反省是相當重要的一步，如此一來才能確保隱藏的意圖不會破壞我們欲進行有效對話的嘗試。當然，我們可以不同意彼此，並希望從我們的談話中得到某種結果。例如，也許你希望你不會被要求去參加表弟家的燒烤活動，但這個目標應該次於相互理解。只有當我們真正了解彼此時，才能為可能存在的任何分歧制定雙方都能接受的解決方案。

　　過程通常不是完全健康或不健康；更準確地說，它或多或少是健康的。當我們的溝通過程越健康，就能為我們自己和他人之間帶來更多的相互理解和同理心。而當過程越不健康，它將會帶來更多否定和羞恥感。當我們的溝通過程足夠健康時，無論對話的內容是什麼，無論我們的意見和需求有多麼不同，我們都可以開誠佈公地討論任何事

情——並且可以加深我們關係的安全感和連結感。

以討論取代爭論

通常當我們有健康的溝通過程時，我們會用討論而不是爭論的方式溝通。爭論很少會有成效，這種模式僅在少數情況下有效，例如在法庭上辯論或政治競選期間。當爭論時，我們的目標是要贏，當「對的人」，而對方就是輸家，是做錯事的那個人。在絕大多數情況下，爭論是一種適得其反的溝通方式。

當我們在處理意見分歧時，例如那些圍繞在蔬食主義和肉食主義的觀點，我們傾向於主要或完全關注於溝通的內容，而沒注意到過程，因此會很容易陷入爭論模式，試圖說服對方相信我們立場的正確性。這種情況下的爭論只會導致問題產生。爭論通常造成防衛，因為沒有人希望被證明自己是錯誤的，而且在談論吃動物的道德規範時，單就事實很難推銷意識形態（註：指蔬食主義）。肉食主義的防禦扭曲了人們的看法，因此很難就蔬食主義進行直截了當、客觀的對話。

與我們最親近的人爭論，更是特別不具成效。在任何情況下談論分歧點都是相當具有挑戰性的，但對於關係密切的個體來說，權力鬥爭和長期的不滿可能已經建立，因此抵制被認定為錯誤者的傾向可能會更加強烈。

以蔬食／非蔬食夫婦珍妮特和雷吉的狀況為例。多年來，珍妮特越來越對雷吉感到沮喪，因為她認為雷吉沒有為自己或他所相信的事

情挺身而出。珍妮特認為，雷吉總是屈服於家人的不公平要求，因為他不想引起衝突。她也認為雷吉沒有處理重要的道德問題。例如，儘管雷吉有三個兄弟姐妹，但他始終是出手保釋他們那位常添麻煩的表妹的人，而且他也會避免和他表妹就其似乎不正當和非法的情事進行討論。

至於雷吉，他對珍妮特對他的批評以及他認為珍妮特對他存有不切實際的期望而感到沮喪。例如，他認為珍妮特並不欣賞他一生中大多都擔任家中的主要照顧者，而他不能只是把問題丟給他最親近的人。如果珍妮特和雷吉開始談論吃動物的道德規範，那麼雷吉對被批評的敏感度以及珍妮特對雷吉似乎拒絕在重要問題上表明立場的敏感度可能會使談話比在其他情況下更加情緒化。當我們沒有認知到關係中更深層次的問題並努力創造一個健康的溝通過程時，談話很容易演變成一場激烈的爭論，與其說是關於吃或不吃動物，不如說是與誰對誰錯和確保權力更有關。

關注於過程會將對話帶出思想領域，並將其帶入人們如何相互聯繫的更深層次——關於想法，也關於其他的一切，包括需求、感受和經驗。當我們討論而非爭論時，我們甚至可以更有成效地談論最困難的問題。

練習在對話中尊重彼此的完整性

每場溝通都存在兩個面向——發送和接收。當我們是說話者（或動作的執行者）時，我們扮演著發送者的角色。當我們是傾聽者（或行為的見證者）時，我們扮演接收者的角色。有效溝通需要我們在每個角色中都恪守對彼此完整性的尊重。

有效溝通會帶來理解而非否定。雙方互相協助彼此感覺到自己的想法、感受和需求是被重視的——他們是重要的——而且並不認為對方的經驗是「錯誤的」。有效溝通是奠基於尊重彼此完整性的原則，因而會增加我們的自我價值感。

當我們練習在對話中尊重彼此的**完整性**時，我們會盡最大努力將同理心、好奇心、正義、誠實和勇氣的價值觀帶入我們的溝通中。當我們實踐同理心時，我們會試著透過他人的眼光看待世界，而不會去論斷他們。當實踐好奇心時，我們會真正有興趣去了解他人的經歷，而不是急於下結論或只是等待輪到我們發言並提出自己的觀點；當實踐正義時，我們會以我們希望被對待的方式去對待他人；例如，我們盡量說話適中，不多也不少。誠實則是說出真相（帶著同理心），而非輕鬆的內容。勇氣是願意允許脆弱，即便困難，也能說出和面對

真相。

為了練習在對話中尊重彼此的完整性，我們需要放慢溝通過程。我們需要中斷自動導航模式、打破舊習慣並用新習慣取而代之。當我們一生都在自動導航模式下進行溝通時，我們會很習慣於被動地以自動巡航駛過整場溝通。加速和掌握方向盤都需要努力：需要具有保持清醒和回到當下的意願，也要有盡自己分內責任的意願，而非期望其他人要做得比他理應承擔的還要更多。例如，當我們盡了自己那份的努力，我們就不會讓別人去費力理解我們在說什麼、必須打斷我們才能插上話、或者當輪到我們傾聽時，對方還得努力吸引我們的注意力。確保你確實有在練習尊重彼此完整性的對話的一種簡單方法是：在對話期間，每隔幾分鐘就暫停一次，並問自己以下問題：

- 對方現在看起來感覺如何？
- 我說話的時間比傾聽對方的多嗎？
- 我有沒有問過對方：他們的感受如何，他們在想什麼？
- 我是否傾聽得太多，卻分享得不夠？

你在所有溝通中的指導性問題可以是：「我的行為（我說什麼或不說什麼、我的語氣聲調等）將如何影響對方？」

為了練習尊重對話的完整性，我們需要培養自我覺察。如果我們不知道自己在想什麼、感覺到什麼和需要什麼，我們最終可能會「做出反應」並以一種疏離而非連結彼此的方式進行溝通。當我們做出反應行為時，這些行為傳達出的是未被意識到的感受或需求。例如，你姐姐又忘了用蔬菜高湯而不是雞湯來烹煮她帶到家庭聚餐的義大利蔬

菜湯，即使你早就告訴她這樣煮的話你就不能吃了，也許你會因此而很生氣。你並未承認自己的憤怒並直接與姐姐解決問題，而是在幾週後，你「感覺不舒服」，並在最後一刻決定取消參加她精心策畫了數月的豐盛晚宴。

最後，練習尊重對話的完整性意味著，我們接納了：唯一可以確定的事情，是我們自己的想法、感受和需求。這意味著允許對方成為他們自己經驗的專家。換句話說，我們不去定義對方的真相。在第 2 章中，我們討論了如何定義真相 —— 在溝通時傳達出認為他人的想法、感受或需求是「錯的」—— 從根本上來說並未尊重對方，也是造成心理虐待的根基。當我們去定義另一個人的真相時，我們會否認他們的經驗，而這種行為幾乎肯定會引發防衛。讀心是不可能的，嘗試這樣做只會導致問題。

參考以下關於定義真相的例子：

非蔬食者：「我愛動物。」

蔬食者：「不，你沒有。你把牠們吃了。」

非蔬食者正在談論他們愛的感覺。然而，蔬食者不知何故認為他們比非蔬食者更了解自己的感受。難道就不能感受到對動物的愛，但仍然吃牠們嗎？蔬食者過去還在吃動物時，就不愛動物嗎？

蔬食者：「我不敢相信爸爸竟然叫我『植物殺手』！更糟糕的是，每個人都和他一起笑我！」

非蔬食者：「冷靜點，這只是個玩笑。為什麼你總是要這麼認真？」

那麼，你如何在不否定對方的情況下表達「不同意」呢？當對方可能處於防衛狀態時，你如何分享你的真實經歷？當談論到一些敏感和有潛在負擔的話題，比如蔬食主義時，你如何增加自己的訊息被傾聽的機會？除了有效溝通的原則之外，我們還需要學習實踐它們的具體工具：我們需要學會有效地表達自己和傾聽他人。

有效表達

當我們能有效地表達自己時，我們將能夠減少誤解、避免不滿，因為我們會及時說出需要說的話，並互相建立信任。從本質上講，我們為聽眾創造了一個安全的環境，如此一來對方會更願意接納我們，也會產生較少防衛，雙方可以進行開放和富有同理心的溝通。與其發出令人困惑或混亂的訊息，要求聽眾從字裡行間去弄清楚我們「真正」的意思，不如直接並誠實地表達自己。我們關注傾聽者的需求，這樣他們就不必刻意努力讓我們不偏離主題、讓我們放慢速度或試圖從我們身上找出訊息。我們給出的訊息是完整的，故傾聽者不必因需

要自己填空部分訊息而感到焦慮;我們給出的訊息盡可能富有同理心及不帶有偏見,傾聽者的防衛心就會減低,也更容易接納我們。我們維持同理心,並在自己和他人之間保持暢通的連結。傾聽者會感到被看見並且感受到自己被重視。我們可以從誠實和開放的溝通所獲得的見解中學習。通常,一些最重要的學習來自於聆聽我們自己的對談。

討論與倡議

為了練習有效的表達,蔬食者需要理解討論和倡議之間的區別。其主要區別在於溝通的目標。討論的目的是達成相互理解,而倡議的目標也是一樣——另一個額外的目標是增加對方允許自己受到你分享的訊息影響的機會。

倡議者代表他人發言,目的是為其帶來正面的改變。許多人成為蔬食者是因為他們深切關注這個議題,因而不得不大聲疾呼以提高人們對動物困境的認識,故他們自然而然地成為了倡議者。對於蔬食主義的這種自然倡議現象會給蔬食者與非蔬食者的溝通帶來兩個問題。首先,倡議者(蔬食者或非蔬食者)通常會被認為是道德主義者,即便他們不是,而且人們通常會對他們認為是來自道德主義者的訊息進行防禦。此外,蔬食者通常會讓討論和倡議之間的界限變得模糊,這可能會導致誤解和防衛,但雙方需要的其實是相互理解而不是嘗試影響對方。

● 揭穿道德蔬食主義者的刻板印象

倡議者為不公義的事情發聲，但他們本身並非不公義的直接受害者。因此與直接受害者相比，倡議者在喚起人們關注不公義現象的限制往往較多，也通常會被貼上「道德主義者」標籤。例如，試想我們對公開反對戰爭的退伍軍人和反戰學生倡議者的看法會有多麼不同。倡議者通常被視為走高道德路線，代表了其他人可以但卻沒有做的道德選擇。因此相比之下，非倡議者會覺得自己「沒那麼道德」。當人們感到自己處於道德自卑的位置時，他們會傾向於做出以下兩種反應中的至少其中一種。人們會將「對方認為自己在道德上較為優越」（即使對方不這麼認為）的想法投射到對方身上，並且透過試圖證明這個正在跟自己比較的人實際上更不道德，以重整平衡自己心中的道德尺度，來抵消他們的不適感。當談到蔬食主義時，蔬食者還必須應對一個事實，即肉食文化在很大程度上促進了「我比你更神聖」或高道德的蔬食者刻板印象。

蔬食者經常指出，僅僅表示自己是蔬食者，旁邊的人就會開始「告知」蔬食主義在道德上並不優於吃動物：「那些必須為了被你吃而死掉的植物呢？」「這些動物活著的唯一目的就是給我們吃。所以你寧願他們不要出生？」「所有長程運輸的純素包裝食品對環境都有害，比在當地街上加工的雞肉還要糟糕。」等。

然而，一些蔬食者確實認為自己在道德上優於非蔬食者，這種立場是不準確的，而且在其他方面也存在問題。選擇成為蔬食者是一種正直的行為，反映了一個重要的道德立場。但是，認為一個人在道德

上優於另一個人的想法很可能是一種錯覺，並且是種會產生不良影響的思考問題方式。

我們如何才能確定誰實際上「更道德」呢？是吃動物的人道主義者，還是在言詞上威嚇不同意自己觀點的人的蔬食者？如果有位來自歐洲的著名慈善家出生於貧困，並曾在印度被賣為兒童性奴隸，他還會同樣在道德上被推崇嗎？如果他生來就有躁鬱症的遺傳傾向呢？大多數人，也許是所有人，都竭盡全力運用自己已經拿在手上的牌。而且無論你是否認為道德價值有階級之分，以個人的道德優劣來進行對話，幾乎肯定會毀掉所有的正面成果。所以最好都不要從這個角度去進行溝通。

● 將討論與倡議分開

由於許多蔬食者也是倡議者，故討論和倡議之間的界限可能會變得模糊。一場剛開始是關於家庭晚餐要用大豆起司或牛奶起司的對話，很容易轉變為關於蔬食主義的對話，而蔬食者會扮演倡議者的角色。從討論發展到倡議，是使蔬食者和非蔬食者之間的簡單對話變成爭論的原因之一。

即使會有從討論轉向倡議的衝動，並不意味著蔬食者不應該倡議；任何關心某個問題的人都會自然而然地感到需要以一種開放心靈和思想的方式進行交流，並增加其他人同理和支持該問題的機會。較好的情況是，蔬食者和非蔬食者都要能夠理解蔬食者會很自然地想推廣，而在情況發生時也不會感到冒犯。此外，當真正需要進行的其實是不同層面的對話時，蔬食者應該特別小心，不要急著倡議。例如，

上述關於大豆起司與牛奶起司的對話，該被討論的是每個人的需要和想要，而非到底要用哪款起司。如果最初的問題 —— 對於情感聯繫至關重要的：對需求的理解和協調 —— 沒有得到關注，那麼討論蔬食倫理可能會看似破壞連結。只要需求無人理會，最初的對話就會讓人覺得沒有被處理。因此在處理了最初的問題之後，如果雙方都有興趣，可以再進一步討論蔬食主義。

有時討論需求和倡議蔬食主義會自然重疊。例如，蔬食者可能需要解釋在生產牛奶起司過程中發生的事情，以幫助聽眾理解為什麼蔬食者對此感到如此不適並且無法提供含奶的食物。但即使在這種情況下，目標也不應該是倡議而是相互理解，以就如何滿足每個人的需求達成令雙方都滿意的協議。一般來說，一段關係不應發展為倡議論壇，因為在這種情況下進行倡議，會很容易引發權力鬥爭。

運用整體訊息

馬修・麥凱（Matthew McKay）、馬爾薩・戴維斯（Martha Davis）和派崔克・范寧（Patrick Fanning）在他們的優秀著作《訊息》（Messages）中提出了一種有效表達的基本工具 ——「**整體訊息**」（whole messages）。[1]整體訊息基於非暴力溝通的原則，旨在防止我們定義他人現實及營造客觀、尊重和信任的氛圍。

1　參見Matthew McKay, Martha Davis, and Patrick Fanning,《Messages: The Communication Skills Book,》3rd ed.（Oakland, CA: New Harbinger, 2009）。書名暫譯《訊息：溝通技巧書》，第 3 版。

整體訊息包含四個部分：觀察、想法、感受和需求。當然，並不是所有的訊息都必須包含所有部分，但這個公式可以應用於我們想要清楚地溝通的任何情況。

當表達觀察時，我們會說出感官所觀察到的──我們所看到的、聽到的等。觀察是客觀事實的陳述，而不是推測、解釋或結論。例如，觀察結果可能是「華氏 90 度」或「我今天把手機忘在家裡了」或「蔬食者不食用動物產品」。

當表達想法時，我們是在根據觀察說出我們的結論或看法。想法是我們根據觀察做出的主觀解讀，可能包括我們的價值判斷、信念或意見。例如，一個想法可能是「關係需要花力氣經營」，或「丹麥有一段有趣的社會進步史」。

當表達感受時，我們會說出自己的情感體驗。例如，你可能會說：「當布萊恩發表關於蔬食者飲食失調的評論時，我感到尷尬、憤怒和受傷」，或者「我為昨天對你說的話感到羞恥」，或者「我很高興也感謝你和我一起來聽蔬食主義講座；能夠與你分享我生命中的這一部分，對我來說真的很重要。」當我們真正的意思是「我認為」時，我們經常說「我覺得」。例如，當你實際表達一個想法時，你可能會說，「我覺得很多人開始更加關心他們的碳足跡」。

當表達需求時，我們會傳達我們想要或希望的東西。正如我們在第 2 章中所討論的，許多人對有需求感到羞恥，並且從未學會如何表達它們，因此我們試圖透過間接的方式來滿足我們的需求。然而，期望別人滿足我們的需求卻沒有明確地傳達需求，是不公平的，這樣的

作法會導致失望和衝突。我們練習表達需求的次數越多越好。當表達需要時你可能會說，「你可以在回家的路上順便去超市嗎？我真的很想做義大利麵當晚餐，但我們沒有麵了」，或者「當你說你不會在我生日那天和我和孩子們一起去蔬食節時，我覺得你單方面做出了一個影響整個家庭的決定。我們今晚能不能抽出一些時間來談談這件事呢？」就像我們的觀察、想法和感受一樣，需求反映了我們的經驗，所以表達需求不應該包括指責或評判他人。此外，表達的需求應該是具體、直接和可行的。

關係專家泰倫斯‧瑞亞爾（Terrence Real）建議，有時在我們的訊息中添加第五部分會很有幫助，即「我怎樣才能幫助你提供給我需要的東西？」[2]這可以是個有用的補充，顯示了理解和支持，並增加了我們的需求能被滿足的機會。

參考以下的故事情節，在運用「整體訊息」前後的對話：

蔬食者蘇珊剛從公司的聖誕晚會上回家，她正在和非蔬食妻子艾倫交談。

艾倫：晚會還順利嗎？

蘇珊：很好，但喬給了我一條羊毛圍巾。他給我的時候我什麼也沒說；我已經告訴過他，我是蔬食主義者，但他快80歲了，他只是不明白蔬食主義意味著什麼。我不想傷害他的感情，所以我就接受了他

2　參見 Terrence Real，《The New Rules of Marriage: What You Need to Know to Make Love Work》（New York: Ballantine Books, 2007）。書名暫譯《婚姻的新規則：你需要知道什麼才能讓愛情行得通》。

的禮物，想著我要把它拿去送人。

艾倫（翻白眼）：你是認真的嗎？你總是抱怨沒有足夠的衣服，現在你不戴這條明明很不錯的圍巾，只因為它是羊毛做的？羊群最好每過一陣子就把毛剪掉，反正圍巾都已經買了，付過了錢，也不算是你在支持羊毛產業。如果你問我的意見，我覺得你真的變得很極端。

蘇珊：嗯，我沒問你的意見，我有嗎？你對羊毛生產一無所知，但突然就搖身一變成為超懂這個行業是如何對羊有益的專家。你知道那些動物經歷了什麼嗎？若你問我，什麼叫「極端」，那就是花錢請人剝削無辜的動物，這樣你就可以拿到一塊布來纏在脖子上！

如果蘇珊使用整體訊息來回應艾倫的評論，會是以下情況：

你剛才說的話真的讓我很難接受。

觀察：我告知你我收到了一條羊毛圍巾，而戴它會讓我感覺不舒服，你翻了個白眼。不僅如此，你知道我身為蔬食者了解動物產品是如何製造的，還跟我說羊毛生產對羊有好處。無論羊毛行業如何運作，我都已經明確表示戴這條圍巾讓我在道德上感到不舒服，但你還是叫我應該照穿不誤，甚至說我變得「極端」。

想法：我不禁將你的反應解讀為：你沒有認真看待我的價值觀，你不明白維持蔬食對我來說意味著什麼——而這是我的核心部分。我想如果你真的理解蔬食主義對我的意義，你就不會建議我違背自己的價值觀行事。事實上，這似乎像是你真的看不起我的蔬食主義，而且，當你說我很極端時，就如同你在評判我堅持自己的價值觀。

感受：我感到被冒犯了，而且老實說，我感到很受傷，因為我覺得你並沒有看到真正的我，就像我最重要的一部分，對你來說是隱形的。當我感覺像那樣被評判和被當隱形人時，我就會退縮，因而讓我感覺與你的連結減少了。

需求：我希望你能更了解蔬食主義，這樣你就能更理解我。我非常希望能夠與你分享一些有關蔬食主義的訊息，這樣你就可以了解我眼中的世界是什麼樣子，如此一來，我們都可以感覺更加緊密。我能怎麼做，才會讓你願意了解呢？

整體訊息可以立即有效地降低防衛。透過對自己的經驗負責的這一簡單步驟——清楚認知到我們的想法和感受是源於自己對「真相」的解讀，而非真正的「真相」——並允許他人也保有對自己經驗的解讀，如此一來雙方將創造出一種令彼此都感到被允許和被認可的氛圍，並能夠用更好的方式來解決問題。

運用整體訊息可以轉變我們的溝通方式。這需要練習，但如果我們堅持下去，它就會成為第二天性。運用整體訊息進行溝通有點像學習一門新的語言。起初我們必須努力思考自己要說什麼，可能會在對話中卡住，但隨著時間的推移，我們會講得越來越流利順暢，並開始運用這款新的語言來思考。當我們以整體訊息的方式進行思考時，我們會更加客觀、謙遜和富有同理心。我們會好好地走在自己的道路上面，當其他人偏離時也可以辨識出來。

學習更熟練地使用整體訊息的一個好方法——同時也清楚地了解衝突或問題——是在說出去之前先寫下你的整體訊息。你可以單獨

進行此練習，也可以在填寫衝突指導問題鏈和圖表（Chain of Conflict Guiding Questions and Chart）時進行練習。在與他人討論之前，你可能希望以書面形式分享你的整體訊息，或者甚至大聲朗讀給他們聽。

讓訊息直接且清晰

有效表達需要直接的訊息。許多人不善於從字裡行間解讀，如果我們不直接表達，假設其他人會知道我們在暗示什麼，這不但不公平，也達不到好的溝通效果。因此，與其說「海倫真是幸運，她的丈夫不必出差」，不如說「我很想你，因為你最近很忙。我真想用整個週末的時間來讓我們兩人重新建立連結。」或者，與其說「有時我覺得每個人都只想談論他們自己」，你可以說「我真的很想和你談談我生活中發生的一些事情。」

有效表達也需要讓訊息清晰。例如，說「我受傷了而且很生氣」比起「我感覺不舒服」要更清楚。清晰也意味著讓我們的肢體語言與話語保持一致。我們的身體總是在進行溝通，當身體訊息與我們的話語互相矛盾時，聽眾會不知道該相信哪個訊息。例如，不要一邊說「我很棒！」卻帶著悲傷的臉，或帶著微笑說「我很抱歉」，或者邊說「我對你的觀點很感興趣」卻邊打呵欠。許多人的身體傳達出的訊息與他們的話語不同，聽眾可能會因這種混合訊息而感到不信任及被誤導。

讓困難的對話維持簡短

當你就問題或衝突進行溝通時，最好一次只關注一個主題。如第 7 章所述，衝突通常看起來似乎不同，但卻有一個共同的核心。此外，盡量縮短困難對話的時間，最好是半小時左右。持續超過一個小時的談話很少有成效。這種對話會持續很長時間，是因為溝通不夠清晰和有效，而且持續的時間越長，就會變得越混亂和冒出更多問題。

確保困難對話不偏題且不超時的一種方法是，盡全力先釐清我們自己的問題。通常我們會帶著沮喪的情緒進入困難對話，並想要解決問題，但卻沒有先花時間真正弄清楚自己經歷了什麼和需要什麼。我們最終可能會把對方當作「問題處理機」，就像拳擊手擊打拳擊沙包一樣，試圖和對方一起整理我們的經驗，以解決自己的問題。

這樣做會給我們帶來很多麻煩。當我們沒有理清自己的想法和感受，而利用他人來幫助我們理清思路時，我們在思維激盪的過程中可能會傷害到對方。當說出心中冒出的任何想法時，我們可能會用未經深思熟慮的方式來表達擔憂，而這可能只是我們自己的恐懼和情緒敏感的反射。我們可能會說出讓自己後悔的話，並在過程中讓對方筋疲力盡。

回應貶抑幽默

　　貶抑幽默是指以奚落他人的方式開玩笑，這裡的「他人」通常為非主流社會群體的成員。這種幽默在歷史上一直被用以鞏固偏見和權力不平衡。輕視那些權力較小的人的痛苦，既掩蓋了存在問題的事實——壓迫性制度的存在——又在問題被發現時將其最小化，例如種族主義式幽默，輕視種族主義及其對有色人種的影響。貶抑幽默也會使那些倡導變革的人所傳達的訊息被否定，比如嘲笑他們，讓他們不好意思發聲，抑或是塑造出有辱其人格的刻板印象，讓他們不被認真看待。許多關於女權主義者的那些令人反感的笑話也是如此。貶抑幽默會這麼有效，是因為人們很難看到它的本質或適當地做出回應。

　　貶低蔬食者的幽默非常普遍，但這種現象在很大程度上是無形的。一些平時看似彬彬有禮的人經常會對蔬食者開不友善的笑話，甚至通常就在蔬食者面前這麼做，儘管他們會認為對其他非主流群體成員（如穆斯林或非裔美國人）開類似的笑話是完全不恰當的。蔬食者被迫選擇和其他人一起笑，從而參與對他們自身的壓迫，或者不參與其中，卻得冒著被人們批評他們沒有幽默感，開不起玩笑的風險。

　　回應貶抑幽默的第一步是認清它的本質。任何因為某人屬於某個社會群體——種族、性別、宗教、意識形態——而對其進行貶低的評論，就其本質而言都是帶有偏見的。任何意圖取笑他人的評論都是不尊重的，當他人是非主流群體的成員時，這種評論甚至帶有歧視性。

如何用最佳方式回應貶抑幽默，取決於當時具體情況。針對發表評論的人（你的老闆、你的母親、晚宴上的陌生人等），你可以選擇不同的方式來回應。你可以選擇是否要回覆、私下回覆或公開回覆，以及直接或間接回覆。在所有情況下，你都應該從傳遞善意為出發點，假設發表評論的人並未意識到這有多麼令人反感。許多人真的沒有意識到反蔬食主義的幽默實際上是在進行貶抑及會對人造成傷害。

　　對於身邊親近的人，誠實、直接地溝通我們的經歷是相當重要的。你可能希望私下與親密的家人或朋友交談，這樣就不會以尷尬的方式「戳破」他們的不尊重行為。但是，如果你能以充滿同理心的方式說話，也許可以考慮在其他人面前提出，以提高剛剛目睹該事件的人們的意識。（只有在你真正感到安全的情況下才這樣做；對許多人來說，這樣的公開評論可能會非常不舒服。）為了點出他們的「笑話」對象是一個社會群體，你可以說：「你會因為穆斯林不吃豬肉而稱他們為挑食者嗎？」或者你可以詢問更多，讓對方不得不為那個目的為貶低你的陳述提出解釋：「你為什麼說蔬食主義者是嬉皮？」或「這很有趣。我從不認為愛因斯坦（蔬食者）是個嬉皮。」或者你可以簡單地問：「你說的那句話是什麼意思？」或者說：「我想我沒跟上。我不明白這個笑話。你能解釋一下你的意思嗎？」或你可能只想說：「哇！我從沒想過會從像你這樣耿直的人那裡聽到令人反感的笑話。」

　　你也可以開個玩笑來扭轉局面，讓非蔬食者更能理解你的經驗：「如果你願意喝小貓高湯做的馬鈴薯湯，我會吃雞肉高湯做的蔬菜湯。」如果使用得當，幽默可以成為提高意識的工具。從歷史上看，

幽默不僅被用來支持，也被用以改造壓迫性系統。例如，像趙牡丹（Margaret Moran Cho）這樣的喜劇演員用幽默來讓人們對新想法敞開心扉，並展示了支持偏見的荒謬性：「因為我不夠『亞洲』，他們決定聘請亞洲顧問！」

在某些情況下，你可能會想把這個人叫到一邊，單純告訴他們，當你聽到他們的笑話時是什麼感覺。你可以使用整體訊息：

當你說蔬食者是激進的怪人時，我不禁認為你是在開我玩笑，用幽默來貶低我，貶低我在這個世界上最關心的事情。我的意思是，你知道我是蔬食者，而且你也知道蔬食主義是我的核心，是我生活中非常重要的一部分，所以我真心覺得被冒犯了。我在想，如果我對基督教信仰說了同樣的話，同時知道這信仰對你來說有多重要，你一定會覺得很受侮辱。我也感到非常尷尬，因為人們在嘲笑我，或者至少在嘲笑我的價值觀，而這是我的核心。我感到語塞，不知道如何回應才不會丟臉。我真的需要知道你能理解這種體驗之於我的意義，以及知道你以後不會像這樣在我面前貶低蔬食主義。

在某些情況下，什麼都不說可能只是在兩害相權之下取其輕。例如，你可能無法頂撞你的老闆而不危及你的工作，因為她偶爾發表反對蔬食的言論。或者，當時機似乎不合適時，你可能根本不想費力在陌生人的笑話中大聲疾呼。

附錄 8 提供了一個示範，說明如何要求尊重，並且可以使用部分或全部文本來回應具有敵意的幽默。

有效表達的祕訣

以下是一些有效表達的準則：

- **使用「我」而不是「你」陳述**。這表明你是在為自己說話，並擁有自己的經驗。它對於描述事實來說也更準確，並有助於防止無效的責備感。例如，說「我感到生氣」而不是「你讓我生氣」。沒人能讓我們有某種感覺，我們的感受只是我們對事件的反應。

- **盡可能避免使用「應該」**。「應該」通常會被解讀為評判、責罵和控制。與其說「你應該吃得更健康」，不如說「你可能想考慮⋯⋯」、「可能值得研究⋯⋯」、「你可能會想嘗試⋯⋯」，甚至是「如果換做是我面對你的情況，我可能會想⋯⋯」

- **盡可能使用「而且」而非「但是」**。當我們說「但是」時，等於把之前說的一切都否定了。例如，與其說「你的馬鈴薯沙拉很好吃，但下次我想嚐嚐不要加那麼多胡椒粉的版本」，你可以說：「你的馬鈴薯沙拉很好吃，而且我下次想嚐嚐少點胡椒的版本。」

- **著重於解決問題**。通常，當我們談論對自己來說很重要的事情時，例如我們的關係問題或蔬食主義，我們可能會過度專注於問題，並花更多時間談論錯誤而非正確的作法；討論我們不應該做什麼，而非我們可以做什麼。我們對問題的關注是有道理的：我們通常都非常清楚導致我們（或其他人）受苦的原因。但是，當

專注於問題時，我們可能會陷入絕望的心態，並導致其他人也有這種感覺。許多人會被正向的可能性驅動，而非負面的現實，因此最好多關注前者而非後者。

■ **專注於你所想要栽培的**。一個佛教教導指出，我們每個人內心都有貪婪、仇恨和慾望的種子，以及愛、慈悲和同感的種子。我們的任務是澆灌正確的種子。如果我們想培養慈悲，我們就需要在他人身上澆灌慈悲的種子。例如，當你的同事告訴你她曾經是蔬食者時，你的主要問題可能是首先詢問她為何成為蔬食者——而不是為何她不再繼續蔬食。

■ **不要說太多**。許多人傾向於提供太多訊息，尤其是當他們談論像蔬食主義這樣影響深遠的議題時。有效溝通需要平衡的觀點交流（而不是一人唱獨角戲），當談到蔬食主義時，說出事實很少能讓對方認同理念。無論你是在談論關係還是理念，只要分享足以幫助對方理解你觀點的訊息即可。除此之外，也可以發給他們有關蔬食主義的傳單（為此目的而隨身攜帶此類傳單是個好主意），而對方事後可以自己在網路上找到其他訊息。

■ **如果你要談論如何成為蔬食者，請從個人經驗的角度出發，分享你自己的故事**。這可以防止其他人感到「你應該」的壓迫感，並有助於將重點放在發展相互理解，而非提倡蔬食主義上面。例如，如果有人問你為何成為蔬食者，你可以說：「我成為蔬食者是因為有一天我了解到動物身上發生了什麼事，我感到震驚和恐懼。我從來不知道狀況有多糟糕。看了那些動物受苦的畫面後，

我就沒辦法再吃動物了。」你還可以分享過去運用了肉食防禦術的故事：「我曾經認為吃動物是正常、自然和必要的。我沒有意識到這些實際上是迷思，因為我從小就相信這是事實。」將蔬食的一些好處包括在內也是不錯的方法：「我很高興我的健康狀況有了很大的改善」，或者「我沒想過蔬食會如此美味和容易製作。」

■ **注意不要使用會觸發他人的概念或措辭**。許多蔬食者認為準確度的重要性高於社會觀感，但將肉類稱為「屍體」或「死肉」，或將畜牧業稱為「國家認可的謀殺」或「強姦」更容易失去朋友而非贏得支持者。這類觸發詞會導致聽眾立即關閉溝通並感到憤恨和不信任。

■ **避免比較不同類型的剝削**。這可能會讓許多人感到不快。那些認為動物比人類遭受更多痛苦，或者動物和人類有相似的被剝削經歷的蔬食者所開啟的對話不太可能得到好的結果。較好的方法是關注剝削的成因，而非結果——關注所有剝削形式背後的暴力心理。例如，你可以說：「儘管每一種暴力和被剝削的受害者的經歷總是獨一無二的，但促成暴力的心態是相同的。這些相同的心理機制，例如否認、同情麻木和扭曲的思維方式，使所有暴力系統都成為可能。」你還可以說明，這項關鍵因素能讓我們了解不同的壓迫制度（如性別歧視、階級歧視和肉食主義），以及對這樣的狀況能更為敏感。要創造一個更美好的世界，不僅僅是一次改變一種行為，而是需要改變意識，使我們所有的行為都建立在誠信正直的基礎上。

■**培養情緒素養**。情緒素養是識別及表達我們情緒的能力，這對於有效表達至關重要。（網路上有大量資源可幫助學習此技能。）

有效傾聽

　　優秀的健談者必定是一位好的傾聽者。當我們面對一位好的傾聽者時，我們會感到真正被傾聽、重視和關注。我們會感到自己很重要，感到被鼓勵去探索和分享我們的真相，因此也會經常對自己的情況發展出更多的自我洞察力和嶄新的視角。我們不會急於表達自己的觀點，並且知道我們不會被評判而感到安全，也會感受到我們可以成為真正的自己，而這種感覺本身就是一種解放。

　　不幸的是，好的傾聽者少之又少。大多數人都渴望從懂得傾聽的人身上得到關注，所以當我們發現樂於傾聽的人時，會感到無比陶醉。我們可能會發現自己分享了從未打算披露的個人訊息，或者會忍不住一直說一直說，最後才在覺察之後向對方致歉。有效傾聽的力量是如此強大，因為傾聽者幫助我們透過慈心的眼睛看待自己，讓我們感到被認可，以及被給予了力量。通常當我們遇到問題或衝突時，單純的傾聽就可以消融我們的防禦並減輕恐懼。只要能夠被聽見，許多

問題往往就迎刃而解了。

當成為有效傾聽者時，我們的意識就在當下。我們不去思考未來或過去，也不會希望自己在此處以外的任何地方。我們就在這裡，現在，練習著有效傾聽的「三個C」：**慈心**（compassion）、**好奇心**（curiosity）和**勇氣**（courage）。在如此進行的過程中，我們也幫助對方能夠更加回到當下。

當未能有效地傾聽時，我們會付出高昂的代價，與我們交流的人也是如此。我們可能會被視為無趣和自戀的人，只對自己的生活感興趣，無法或不願關注他人。由於沒有用心關注，可能會冒出未預見的問題而令我們措手不及。例如，許多關係都在其中一方的震驚和崩毀中告終，因為當另一方試圖表達不滿和需求時，他們沒有花時間去傾聽。當未能有效地傾聽時，我們就會失去連結和親密感，因為他人會覺得自己不夠重要到讓我們願意去關注他們。當人們收到傾聽者對他們要說的話不感興趣的訊號時，他們就會停止分享了；若想表達出對話題的不感興趣，也許最好的方法就是不認真傾聽。

有效傾聽包含兩個部分——慈心見證以及主動傾聽。正如我們所討論過的，慈心見證是透過觀察、思維以及用心感受來關注對方；是帶著慈心、同理心、不加批判地傾聽，並以理解對方為目標。

積極傾聽包括以下內容：

- **運用互動式的肢體語言**
- **澄清**

■ 簡述語意
■ 給予反饋

運用互動式的肢體語言包括：保持我們的雙臂張開，不要打哈欠或將臉藏在手後面，將我們的身體轉向說話者並稍微向前傾斜，並在適宜的情況下與之進行眼神交流。有些人在進行眼神交流時無法集中注意力，在某些文化中，眼神交流被視為不禮貌。若你正在和來自將眼神交流視為用心傾聽的文化的人交流，而你卻不偏好進行眼神交流時，最好要讓他們知道，以免他們將你的肢體語言誤解為不感興趣。

澄清是在我們需要對事情了解得更為清晰時，要求對方提供更多訊息，這有助於確保我們能理解對方以及表明我們正在傾聽。例如，你可能會說，「那麼，是你的母親還是你的繼父，下了關於你無法做菜的評論？」

簡述語意是指我們用自己的話總結說話者所訴說的內容，接著可以與他們核對，以確保我們的理解正確。簡述語意就像澄清一樣，對說話者和傾聽者都有幫助。例如你可以說：「所以，關於父母對你的飲食需求是如此地無法忍受，你聽起來既驚訝又傷心。過去的你沒有意識到他們有這種感覺，因為他們總是表現得相當隨和。」

提供反饋意味著分享我們對對方訴說內容的反應 —— 分享我們的想法、感受和可能的建議（如果說話者想說的話）。以上的這些分享，都應該在我們已成為富同理心的見證人之後才提出；如果人們沒有先感到被充分傾聽和理解，他們很少會願意接受反饋。例如，你可以說：「感謝你與我分享的所有內容。我很高興你足夠信任我，對我

如此敞開。說實話，聽到你在吃雞蛋的時候感覺到被我評判，這讓我有點難受。我不知道該如何改變這件事，但我想去做，也想進一步討論這個問題。我需要一些時間來思考你說的話，那今晚我們留點時間談談吧。」

積極傾聽對有效傾聽來說是相當重要的部分。當另一個人說話時，僅僅保持安靜是不夠的。如果我們不回應，可能會顯示出我們沒有在傾聽，或是我們不夠關心到願意提出反饋。無論是哪種情況，對方都會感到被忽視、受傷和不滿，也不太可能再次與我們敞開心胸地交流。

儘管並非所有情況都需要運用積極傾聽的完整四個部分，但若有人與我們交談，我們有責任讓他們知道，我們確實聽到了他們的聲音。否則對方將無法得知我們是否有在專心聆聽。期望他人會讀心術——無論對方是我們的伴侶、員工還是公車上的陌生人——既不公平也不可行。即使表達者的陳述不需要被完整的回應，向對方傳達出我們已經聽到他訴說的內容，是身為聽眾的我們的任務。至少，我們需要發出正確的聲音，讓他們知道我們已經聽到了：「哦，好的」或是「原來如此」。任何溝通之後的沉默，幾乎難以避免地會被解讀為不屑、不關心和沒禮貌。在理想情況下，我們會運用與情況相匹配的語氣做出回應。因此，如果你的伴侶興奮地與你分享他們終於達到了舉重訓練目標，而你用平淡的語氣說著：「是哦，那很棒」，他們可能不會感到被聆聽。或者如果同事告訴你，他經歷了痛苦的分手，而你說，「喔，真是遺憾」，他們會覺得你沒有同理心。

了解有哪些障礙會使我們更難以有效地傾聽[3]也會對情況很有幫助。也許你在一天中的某個時間、某些環境（例如，有很大噪音或干擾的地方）、在某些人附近，或圍繞某些主題討論時，會較無法有效地傾聽。當我們知道自己個人以及其他人的傾聽障礙時，就可以相應地去安排對話，並降低無效或有害溝通的風險。

在情緒高漲時溝通

欲進行有效溝通，在情緒高漲時尤其具有挑戰性，當然，這些往往是我們最需要有效溝通的時候。學習一些原則可以幫助我們在充滿挑戰的情緒環境中管理我們的溝通。

首先，最好在情緒阻礙我們進行良好溝通之前就先能覺察自己。透過練習和關注，我們可以學會觀察自己的內在體驗，定期進行自我覺察，這樣就不太會被強烈的情緒衝擊得措手不及。當我們將有效溝通作為一種實踐時，我們會讓自己被情緒劫持的可能性降到最低，因為我們不會讓問題累積起來，並且會感到自己擁有在需要時說出真相

3　參見Matthew McKay, Martha Davis, and Patrick Fanning,《Messages: The Communication Skills Book,》3rd ed.（Oakland, CA: New Harbinger, 2009）。書名暫譯《訊息：溝通技巧書》，第 3 版。

的力量。

如果你發現自己開始感到被觸發，你可以與他人分享這一事實。心理學家蘇珊・坎貝爾（Susan Campbell）和約翰・格雷（Susan Campbell and John Grey）建議可以這樣表示：「我注意到我對你剛才所說的話有強烈的反應」或「我注意到我開始感到被觸發了。」[4]當我們分享自己感到被觸發這一點時，我們表現出自我意識並幫助自己與內心的觀察者保持連結。我們還提供了他人重要的訊息：當他們知道我們的脆弱部分已被激發時，他們會更加小心，不去踩到我們的敏感帶。

同樣地，我們可以運用描述「部分」的句子。例如說出：「某部分的我，對你剛才說的話感到生氣」顯示了我們並沒有與那部分「混在一起」，並非全部的我們都感到生氣（情況通常是這樣；無論我們感覺有多生氣，總有一個更深的部分仍存在於當下）。若說：「一部分的我感到生氣」，比起說出：「我感到生氣」，或更糟的說詞：「我很生氣」，聽起來會較不具威脅性。最後那一句陳述，暗示了我們和我們的憤怒完全合而為一了。

如果你注意到對方似乎被觸發了，特別是若他們如此告訴你時，請盡你最大的努力來讓他們安心。請記住，當被觸發時，我們會感到不安。我們會難以理性，當下唯一的目標會是回到安全的地方。我

4　參見Susan Campbell 和 John Grey，《Five-Minute Relationship Repair: Quickly Heal Upsets, Deepen Intimacy, and Use Differences to Strengthen Love》（Novato, CA: New World Library, 2015）。書名暫譯《五分鐘修復關係：快速治癒不安，加深親密關係，並利用差異來加強愛》

們所有人的性格中都有脆弱和稚嫩的部分，需要被同情和理解。向對方保證我們和他們站在一起，並直接表明我們關心他們的安全，並且致力於確保他們感到安心，這可以幫助他們回到安全地帶。我們還可以詢問，我們可以做些什麼來幫助他們感到更安全。他們可能不知道自己需要什麼才能感到更安全，但向對方展示我們致力於維護他們的幸福本身，就足以產生影響。

最後，要知道何時停止對話。如果我們覺得無法對對方保持同理心，或者發現自己無法感到好奇和慈心，那最好就此停止交流。如果我們感到未受尊重，而對方也沒有以尊重我們的方式回應我們的溝通請求，那也最好先停止對話。如果發生這種情況，可以在雙方同意的時間內稍作暫停，並承諾會再次返回對話。重要的是要明確表示你所請求的暫停是暫時的，並且你打算在合理的一小段時間內返回對話，正如我們在第 7 章中所討論的那樣。否則，對方會感到被遺棄，這可能會導致他們感到不安全和不信任。如果當你重新審視談話，發現你仍然太沮喪而無法進行有效溝通時，請再次提出暫停。只要確保沒有人故意用暫停來避免進行討論，而導致永遠無法解決重要問題。

與自己溝通

有效溝通的原則和實踐也適用於與自己的溝通。無論結果是好是壞，我們總是在與自己溝通，而大多數人與自己溝通時，往往會用當其他人如此對待自己時會令人難以忍受的方式來對待自己。一種既能改善溝通又能提升自我價值的簡單而有效的方法是覺察到我們的內部對話或自我對話（如第 6 章所述），並對其進行重組，使其能夠幫助我們的自我賦能，而非對自己感到羞恥。[5]在一天中設置多次鬧鐘的方式可能會很有幫助。當鬧鐘響起時，停下來問自己一些問題，例如：「我在對自己說些什麼？我是否有像是在與自己關心的人交談那樣，與自己對話？我的內心對話反映了慈心和好奇，還是評判和羞辱？我是否在定義自己的現實，告訴自己我的想法和感受是錯的？」

學習有效的溝通可以顯著提高我們跨越意識形態差異來進行溝通的能力。但有效溝通的好處，遠遠不止於幫助我們討論與蔬食主義相關的問題。當我們在人際關係中進行有效溝通時，我們會相互認可和賦權，並加強我們的安全感和連結感。當我們對自己進行有效溝通

5　有關識別和重組自我對話的優秀資源，請參閱 David D. Burns，《Feeling Good: The New Mood Therapy》（New York: Avon Books, 1980），書名暫譯《好心情：新心情療法》。

時，我們會學會更客觀地思考，並對自己的經歷更有同理心。因此，
有效溝通能夠幫助我們轉變人際關係以及生活。

改變
接納策略
及轉型工具

　　許多與非蔬食者建立關係的蔬食者面臨著很重要又難以回答的問題：若情況允許，怎樣的改變是他們有權要求的呢？事實上，對於因某種差異而阻礙了任何在一段關係中讓彼此感到安全和連結的人們來說，這通常都是個關鍵問題。尤其是當談到我們的態度和生活方式的關鍵差異時，我們可能會去思考自己究竟能期望對方真正改變到怎樣的地步。怎樣的改變是務實的？怎樣的改變是公平的？如何才能以不損害我們關係的安全和連結的方式來要求改變？

　　假設你已經將本書中概述的原則付諸實踐，但你和另一個人之間的差異使你無法在你們的關係中感到足夠的安全和連結感，差異之處可能在於，對方並非蔬食者，而你是，或也許對方是蔬食者，但你是

位推廣者，而他們不是。或者也許對方不是蔬食者，而這對你來說無所謂，但你們之間的性格差異會帶來問題。

無論你要處理的差異是什麼，如果不想結束關係，你有兩種選擇。你可以接受差異並放棄對他人改變的需求；或者你可以接受差異存在的事實，接受對方的本來面目，但仍然要求他們改變。無論哪種情況，接受都必須是第一優先。唯一的問題是，「接受」是否就已足夠，或者在接受差異之後，你是否仍然需要改變，才能選擇繼續留在這段關係中。

理解接受的原則以及致力於有效請求和改變的工具是建立安全、相互連結、誠信關係的最後一步。有了這種覺知，你就可以實踐《寧靜禱文》（Serenity Prayer）中所展現的洞見：「神啊，請賜予我平靜的心，去接受我無法改變的事情，賜予我勇氣去做我能改變的事情，並賜予我智慧，去分辨這兩者的不同。」[1]

1　《寧靜禱文》（Serenity Prayer）的作者普遍被認為是美國神學家——萊因霍爾德・尼布爾（Reinhold Niebuhr）。

接納一切如其所是

　　有一種用於個人和關係發展的新心理模型，被稱為「接納與承諾療法」（acceptance and commitment therapy, ACT）。[2]ACT主要基於佛學概念，即「接納一切如其所是」，對成長和幸福來說至關重要。在 ACT 模型中，那些因關係中的差異而導致斷聯的人們會被鼓勵在進入改變的過程之前，先致力於對差異的接納。

　　抗拒的反面是接納。當我們將某些經驗判斷為「錯了」的時候，我們處於抗拒的狀態，認為事情應該與實際發生的不同，並希望改變。接納是一種態度，是我們接受「發生的事情確實發生了」的一種心態，並且決定接下來要如何處理。例如，如果你感到恐懼，你可以抗拒恐懼，認為它是「壞的」或「錯的」，這樣你就可以克服它或試圖避免它，然而這些策略通常是行不通的。或是，你可以注意到你正在感到恐懼，不帶批判，並接受恐懼只是你正在經歷的一種感覺。你可以帶著慈心去見證你的恐懼，這不僅能讓你在當下不再感到那麼恐懼，也讓你更有能力去減少生活中的恐懼感。

2　有關 ACT 的優秀資源，請參閱 Matthew McKay、Patrick Fanning、Avigail Lev 和 Michelle Skeen，《The Interpersonal Problems Workbook》（Oakland, CA: New Harbinger, 2013）。書名暫譯《人際問題手冊》。

接納現狀並不意味著接受不尊重的行為，或者我們在生活和世界中是處於被動的位置。這只是意味著我們不會批判現況的本然，即使我們正在努力改變現況。接納與容忍不同，容忍是抵抗的一種形式，我們只是決定和我們持續批判的事物共存。接納是一種選擇，是在有意識下決定不去批判或希望事情有所不同。

接納而非抗拒現實——無論是接納外面正在下雨的事實，還是我們的父母剛剛被診斷出患有嚴重疾病的事實——可以增加我們自己和人際關係的幸福感，並幫助我們採取必要的行動以帶來具有建設性的改變。這可能看似矛盾，但只有當停止抗拒時，我們才能做出健康的選擇，並採取正面的行動。當抗拒時，我們會覺得自己是環境的受害者，並且會創造新的問題，例如抑鬱和人際衝突。

接納是改變的先決條件

出於多種原因，接納是改變所必要的第一步。首先，當我們處於接納的狀態時，我們會更加清楚自己真正需要改變什麼。有時當我們停止抗拒困擾我們的事物時，會發現我們實際上並不需要它有所改變。你可以在關係中透過允許自己接受你想要改變的差異，來試驗看

看這一點。想像自己的生活，也許不是很理想但很舒適——足以讓你感到安全並與差異保持連結。例如，想像你的非蔬食伴侶和朋友一起用餐並正在吃肉。想像你的伴侶回到家，和你打招呼。試著想像你們倆都在微笑，在見面時互相擁抱，並且在分開後樂於再次連結。想像自己為你們倆在關係中克服這一挑戰而感到自豪，想像自己內心的廣闊空間，讓你接受曾經對你來說如此艱難的事情。也許與差異共存，比你想像中更有可能做到。

接納必須先於改變的另一個原因是，當人們在一開始感到不被接納時，他們會拒絕改變。有時，人們對於他們可能願意改變的行為的持續堅持，只是作為對自己不被接納的反抗。當我們要求的改變具有道德成分時尤其如此，例如純素主義。無論是否有大聲說出來，對方可能會說：「正是因為你想我感到內疚，那我才不要改變。」想讓人們因感到內疚而改變，既非尊重人的做法，也不具成效，只會增加他們的防衛並降低對問題的開放性。每個人都需要且值得被接納自己的本來面目，即使選擇不與那些與我們不同而使我們無法感到安全和連結的人維持關係，我們也必須認知到這一點。

在要求改變之前，我們也必須先接納事物此刻的狀態，因為這是合乎道德的路徑。如果我們接受差異存在的事實，也接納對方本來的樣子——即便知道自己並不想繼續與這項差異共存——那麼當我們要求改變時，就不會帶入批判。我們會說：「我接納此事現在的狀態，也接納真實的你就是這樣，儘管這不是讓我感到舒服的生活方式。」接納使我們能為改變的過程帶入更高的完整性。

最後，接納應先於要求改變，有時即使僅僅是接納，就足以帶來我們想要的改變。當人們不再感到被評判，通常會更願意做出改變。

寬恕

寬恕是一種接納的行為；它接受發生在過去的事情已經發生了。寬恕並不意味著縱容發生的事情，也不代表我們不再感到受傷：我們可以寬恕，但不為發生的事情找藉口；即使仍然處於痛苦之中，我們也可以寬恕。我們也能夠理解，寬恕並非意味著忘記。寬恕是有意識地決定放棄怨恨，而怨恨是憤怒的一種形式。在要求改變之前，試著寬恕過去的傷痛能對情況有所幫助。心中的怨恨越少，我們對改變對方的要求就會更加開放，並帶著較少的防衛。此外，如果我們仍帶著怨恨，有時會很難知道我們真正需要另一個人做出怎樣的改變。 怨恨往往伴隨著報復的渴望，而對改變的要求可能會成為懲罰對方的藉口。例如，假設你要求你的非蔬食母親不要再為你做飯，因為她總是忘記不要在你的食物中添加動物成分這件事，即使她承諾從現在開始會更加小心，你可能仍然會因為感到不滿而拒絕讓她為你做飯。即使知道為你做飯這件事對她來說有多重要，你可能仍會拒絕給她其他機會，這是為了讓她感覺糟糕，因為是她先讓你感覺糟糕。

抗拒改變[3]

　　在提出改變的要求之前，了解人們抗拒改變的脈絡會很有幫助。當有了這樣的覺知，抗拒就比較不會阻礙你所希望發生的改變。不論是對被要求改變的人和提出要求的人來說，產生對變動的抗拒都很常見，因為這個改變會影響到雙方的生活。即使是要求改變的人，在度過適應改變的過程，也可能會感到不舒服。

　　人們會抗拒改變的一個原因是覺得要求改變的人並未真正理解和尊重他們的立場。我們需要去了解，為何我們所要求的改變，對方並未主動選擇去做。對於這樣的改變，他們看到了哪些障礙？如果他們確實曾經試圖做出改變，對他們來說很困難的會是什麼？他們需要什麼，才能以對他們來說可行的方式進行改變？換句話說，我們需要盡最大努力去了解他們的掙扎，而不是因為我們以某種方式生活或做到了某種特定的改變，他們就應該也要嚮往這些改變或感覺容易做到。

　　有時，蔬食者會粉飾走向蔬食主義可能給對方帶來的挑戰。可以

3　有關抗拒改變和改變過程的更全面說明，請參閱 Andrew Christensen、Brian D. Doss 和 Neil S. Jacobson，《Reconcilable Differences: Rebuild Your Relationship by Rediscovering the Partner You Love──Without Losing Yourself》, 2nd ed。書名暫譯《可調解的差異：重新發現您愛的伴侶並重建關係，同時不迷失自己》。

理解有許多蔬食者認為這是攸關生死的問題——因為嚴格來說確實如此。但是說出「動物的生命和你的口腹之慾哪個重要？不該有不吃素的藉口！」之類的話，會被認為沒有同理心，坦白說，更會適得其反。這種態度不僅會被認為是在輕忽對方的掙扎，而也是一種冒犯：例如，若把動物的生命與對方對家庭連結的需求來進行比較，將不太可能產生信任和善意。

大多數人需要被理解和同理，感到自己的經歷被看見時，才會更願意接受改變。如果你真正嘗試去理解對方，雙方之間關於改變的對話，壓力就會少一些。例如，是否會因為需要放棄些什麼，導致這樣的改變超出了他們所能承受的範圍？如果你很難同情那些對吃素這件事感到掙扎的人，那麼思考一下你在生活中劃定界限的領域，也許會有幫助。例如，你做了哪些「不友善動物」的事，是你覺得生活中不能沒有或還沒有準備好要改變的事情？有些蔬食者可能正在服用某些藥物；有些蔬食者可能在有銷售非蔬食產品的公司上班。我們生活在一個不可能在百分之百的時間都能做到百分之百完全不傷害動物的世界。當我們能夠理解自己的底線時，我們將更可能去理解別人的底線。記得當年也吃過肉的自己在改變之前是什麼樣子，也會對情況有所幫助。

當人們覺得改變最終不會符合自己的最大利益時，他們也會傾向抗拒，而為了錯誤的理由改變。例如，如果人們只是為了避免衝突和保持和平，或者因為感到壓力和被評判而改變，那麼他們就很難有足夠開放的心胸及誠心，去真正擁抱並維持這個改變。

人際關係並非商業契約

　　許多人抗拒改變的一個原因是，我們對改變和人際關係的本質有著錯誤的信念。我們經常假設關係以及其中的個人不會出現重大的轉變。我們將關係視為商業契約，假設任何與一開始不同的修改，都違反了這個協議：「我們剛在一起的時候你可不是像現在這樣，這不是我所同意的關係。」然而，正如健康的個體會改變和成長一樣，健康的人際關係也是如此。大多數人都能直觀地理解這一點；畢竟，我們不會希望伴侶像他20年前還是大學生般不成熟。

　　在安全、相互連結的關係中，要求改變是互動中常見的一部分：「你能不能別把衣服放在客廳？我很不想要每次都得跟在你身後收拾」，或者「每當你打斷我的工作時，我都會分心並且難以重新集中注意力，所以請不要在白天打電話給我，除非是很重要的事情，好嗎？」或者「我需要提前做一周的行程規劃，故星期日時我們可否討論一下，我才會知道這周要做哪些事情呢？」當人們能預期到需求會有所變動，以及要求改變是關係中的正常部分時，他們對這種要求的反應就會緩和一些。像這樣的協商可以成為平時談話的一部分，頂多會導致對方如下的反應：「哦，好吧，當然。」或「我真的不喜歡提前這麼久就做計劃，我們不能一次計劃幾天的行程就好嗎？」當然，若欲要求更重大的改變，情況將會更複雜，但圍繞著改變所進行的協商仍然是健康互動中很正常的一部分。

「愛我或是離開我；不要試圖改變我」

　　我們和我們的關係不應改變的信念被一個迷思所強化了，即關係——尤其是浪漫關係——是奠基於無條件地接受彼此的行為，永遠不應該期望另一個人改變，更別說要求了。雖然我們確實必須接受彼此現在的樣子，但若認為我們也應該接受彼此所做的一切，這就並非正確的認知。每個人都是獨一無二的，有著不同的存在方式和不同的需求，如果不針對我們日常的行為方式進行許多調整，就不可能與他人建立和諧的關係，而不想改變的想法也並不務實。

　　當我們與另一個人建立關係時，兩人都必須溝通什麼方式可接受，什麼方式不可接受，以便做出必要的調整來確保彼此的安全和快樂。很常見的是，當一個人僅只是暗示希望另一方改變時，他們將面臨老掉牙的回應，「這就是我。愛我不然就離開我！」許多人並未意識到，有時候要求我們做出改變，才是真正「愛我」的行為，否則當其中一方持續用會帶來問題的方式與另一方相處時，問題可能會持續擴大，甚至會因此而傷害關係。

彌補差距時的不平等負擔

　　一個相關的假設是，如果一個人改變了，那麼這個人就有責任去接受和處理關係中的新差異：「改變的是你，不是我，故若你期望我用不同的方式做事，這是不公平的。」雖然雙方確實需要討論出各自

得進行什麼樣的調整來維持關係，但若要求其中一個人得想辦法去彌補新的差距，這種做法既不公平也不可行。人際關係就是夥伴關係，每當一個人表達了他的需求，無論是否是新的需求，另一方都有責任傾聽這樣的需求，並盡最大努力去滿足它（只要不會因此而損害到他們的道德標準）。

當改變的那一方相較之下擁有更多的社會權力（他們是主流社會群體的一員，而另一方則否）和／或當這個改變本身反映了主流社會群體的價值觀時，我們通常不會期望這位伴侶負責去彌補差距。我們在關係中擁有多少權力，會影響我們對自己和對他人的期望甚鉅，這在很大程度上是因為它決定了我們對「被彼此影響而改變」這件事情的開放程度。

例如，若兩位伴侶都是蔬食者，其中一位轉為非蔬食者，那麼沒有改變的那位蔬食者將會被期待要去彌補這個差距。但是，如果兩位伴侶都不是蔬食者，而其中一位轉素了（他們之間的所有其他權力角色，例如性別和階級都是相同的），那麼可能是那位改變的那位蔬食者將會被期待去彌補差距。那位非蔬食者屬於主流地位的社會群體的一員，其意識形態得到了社會支持，故他不會被期望要為了適應蔬食者而改變。即使是最富有慈心的非蔬食伴侶也可能採取這種立場，而這僅僅是因為普遍存在的錯誤假設認為，蔬食者期望他們的伴侶（或任何人）在飲食這件事上去適應自己，是不恰當的。

我的意志與你的影響

　　另一個導致我們抵制改變的相關信念是，我們所做的任何改變都必須是自己獨立決策後的結果。換句話說，我們認為自己不應受到他人的影響，尤其是我們的伴侶。我們有多常聽到人們對伴侶中的其中一人做出像這樣的評判：「嗯，他只是因為她才這樣做？」改變不良的習慣，比如戒菸，顯然很少會招致這樣的批評。但對於中性甚至積極的變化，例如採用健康的飲食，往往會得到這樣的反饋。因此，我們可能僅僅因為害怕被視為軟弱、沒主見和意志力而抗拒改變。這種恐懼在男性中尤為普遍，不幸的是，他們被教導要抵制女性對他們生活的影響，從而造成對他們自己和關係不利的狀況。但該領域的研究顯示，允許女性伴侶影響自己的男性擁有更充實、更有韌性的人際關係。[4]

變化與控制

　　有時人們拒絕改變，因為他們把被要求改變視為被控制。如果我們堅決要求（demand）而非提出希望改變的請求（request），那麼對方會產生被控制的感覺也很合理，因為（強烈）要求就是控制。但是有些人即使是對於簡單的請求，也會感到被控制。

4　參見Thomas H. Maugh II, "Study's Advice to Husbands: Accept Wife's Influence," Los Angeles Times, February 21, 1998.

有些人容易感到被控制的一個原因是他們對「被控制」過敏，因此在這方面的感受過度敏感。如果是這種情況，如何進行對話來溝通需求，以讓他們能夠感覺被聽到和被回應，就相當重要了。因為不論是否要控制這個過敏反應，如果我們沒有相互影響的能力，就無法維持穩定、相互連結的關係。

人們也可能因為社會如何塑造自己的認知方式而容易感到受控。正如我們所討論的，占主流地位的社會群體（例如非蔬食者）的成員會將來自非主流群體（例如蔬食者）成員的請求解讀為強烈要求，即便對方沒有那個意思；並且會將針對他們主控地位的任何挑戰解讀為一種控制，即使並非如此。

變化帶來的不適

改變往往在實踐和情感層面都具有挑戰性，因為它會迫使我們擴展舒適圈。打破習慣需要付出努力，因為我們會為自己的思考、行動和感受方式寫下新的程式。例如，即使知道停止吃含糖食物是有好處的，但一旦你承諾從飲食中去除這些產品，就必須面對心理和生理上的渴望，以及當別人享受這些食物而你卻不能時所感受到的失望。

人們通常會抗拒改變，直到維持現有的生活方式比採用新的生活方式更不舒服。例如，如果某人的賭博習慣對他們的財務穩定性、人際關係和事業產生了負面影響，顯然他們就會想要改變這種行為。然而，大多數嗜賭成性的人無法在他們想要的時候停止這種行為，這

在很大程度上是因為賭博給他們帶來的慰藉超過了因此而面臨的損失。[5]只有當天平傾斜，當他們失去的比得到的多，當繼續該行為的痛苦大於停止的痛苦時，他們才能開始踏入改變的進程。

對變化的恐懼

我們之所以會去做很多事情，都是為了得到安全感。有時，抗拒改變是因為我們害怕改變可能會帶來的事物。為了做好改變的準備，我們必須讓自己感到足夠安全，才能在生活中做出這樣的改變。

我們會害怕改變的一個原因可能是害怕自己會失敗，沒有足夠的知識或意志力來貫徹決定。因此，確保我們想要的改變是實際可行的，將會很有幫助。例如，如果你想要讓伴侶成為蔬食者，可以建議他們慢慢來，讓他們在一段時間內以自己的速度去學習蔬食主義，並用蔬食食品來代替動物產品。

我們也可能害怕在某些關係中會失去自我認同或連結，因而害怕改變。例如，也許有人會擔心成為蔬食者會改變他人看待自己或與自己相處的方式：我會不會被貼上軟弱、怪異或自視甚高的標籤呢？會不會覺得自己無法再受邀參加朋友的年度野餐活動？再次強調，與其直接要求對方轉變為蔬食者，不如邀請對方慢慢嘗試蔬食，將能夠輕鬆地讓這些恐懼感緩和下來。

5　該聲明並非要忽略導致成癮的生物要素。相反地，這些生物要素正是成癮行為會帶來舒適感的原因之一。

我們害怕改變的另一個原因可能是害怕一旦開始做這件事，就不能回頭了。我們可能會想：「如果我踏上了這條路，能夠走多遠？當我一旦開始以不同的方式思考，而發現這些來自他人或自己對於改變的期望，會讓我捨棄原本的生活到超出可承受範圍時怎麼辦？」不可持續、感覺不穩定或不可行的改變，對任何人來說都不是最有利的。但只要改變的人致力於保持自我覺察，時時確保在這些改變之下仍能維持生活的可持續性，這種恐懼就不必然會成為障礙。

創造有利於改變的環境

在準備好之前，我們不會改變。我們不能強迫任何人做好改變的準備，包括我們自己。強迫人做好改變的準備，就像試圖讓受傷的身體部位癒合。但正如我們可以做一些加速身體恢復的事情，例如服用維生素和確保充足的休息，我們也可以採取行動，以創造出讓改變容易成真的環境。創造能支持改變的環境的第一步是提出適當的改變請求，並以正確的方式提出請求。

提出適當的改變請求

　　當提出做出重大改變的請求時，例如生活方式的改變，我們應該只在對自己的福祉和在維持關係的安全和連結上有相當程度的必要時，才提出這種請求。而且必須是合理並且尊重對方的要求：提出者必須尊重對方的福祉，並且能讓對方以合理的方式履行改變。

　　我們能夠尊敬地請求對方改變他的行為，只要我們請求的改變不要求對方違反他們的道德標準。對方也必須充分理解這樣做確實符合自己的最大利益，是他們真正認為對自己是有價值的改變。對於某些人來說，滿足親近的人的需求及支持關係的安全和連結，確實是改變的充分理由，但是為了使改變可持續，改變者也應從其中看見一些對自己的益處。

　　要求對方改變價值觀、個性或態度是不尊重的作法（或不合理，在大部分情況下）。這些品質是我們的核心，我們的價值觀和個性在很大程度上是不可改變的。我們的性格中包括情緒過敏，這些根深蒂固的敏感性往往是天生的。雖然改變態度是有可能的，希望別人改變態度，也是可以理解的，但要求別人改變態度是不尊重或不合理的，因為態度是高度個人化的自我。例如，說「我希望你能更關心動物」是在要求對方改變他們的信念和感受。

　　相反地，我們可以請求可能導致態度改變的行為改變。例如，你可以讓你的非蔬食父母閱讀和觀看特定的資料，了解成為食物的動物

發生了什麼事，以及肉食主義如何塑造人們對於吃動物的態度。但重要的是要接受對方有權決定他們的態度，並且可能會、也可能不會根據他們所學到的知識而選擇改變。

要求蔬食主義

只有你自己知道，你需要從對方那裡得到什麼，才能感到安全並與他們建立足夠的連結，也許你認為自己就是無法與非完全蔬食者建立連結。

然而，在要求對方蔬食之前，重要的是，要確定這是否是你真正需要的。也許只要他們能在足夠程度上蔬食和／或只要他們是你的盟友，你就能感到與對方有足夠的連結。或者也許你可以接受對方吃動物，只要他不在你的附近吃。你可以試著先從不那麼劇烈的變化開始，看看是否這樣就已足夠，如果還是不夠，你們雙方會再重新進行討論。有時在實際經歷之前，我們不會知道自己真正需要什麼。

若你確定需要對方成為蔬食者，那這是你可以合理和恭敬地要求的嗎？還是要看情況。如果你要求的是嚴格的行為改變──並非要對方改變他們的價值觀或態度，而只是改變消費方式──那麼你可以恭敬地提出這個要求。這是否合理，取決於你們的環境：如果你們住在洛杉磯或柏林，那麼與住在郊區相比，這肯定是一個更合理的要求。但最終，一個要求是否合理，仍必須由被請求改變的人來判斷。

如果你判斷要求對方轉變為蔬食的行為似乎是合理的，最好讓對

方能慢慢轉變，以增加改變可持續性的機會。你也可以說明為什麼需要他們成為蔬食者，以讓你感到安全和連結。人們需要並且應該充分理解要求做出重大改變的依據。你可能想用正面而非負面的方式表達你的要求。與其要對方少做你不想要的，可以多提出你想要他做哪些事情。一個有用的方式是談論「增加」而不是「減少」食物。當添加了更多植物性食物時，動物性食物的空間就會減少。

● 要求與堅持

許多蔬食者認為，如果他們沒有堅持要其他人成為蔬食者，他們就是在「允許」其他人吃動物，而且沒有採取足夠強硬的立場來反對肉食主義。但是沒人有權力去「核准」成年人做出自己的選擇。若認為自己有這樣的權力，是既不正確又自以為是的想法。相信自己可以而且應該決定他人的想法、感受和行為方式的蔬食者不僅可能損害關係，還將面臨失去蔬食潛在支持者的風險。當人們感到被評判和控制時，情感和理智就不會敞開。立法變革通常伴隨著社會變革，因此如果人們一開始就對蔬食主義的訊息抱持不開放的態度，那麼支持蔬食主義的法律就不太可能通過。[6]

有些蔬食者認為，吃動物的行為與強姦或家庭暴力沒有什麼不同。如果不堅持讓其他人停止吃動物，我們就沒有做到像對強姦犯或施虐者那樣地，確保他們被究責。然而，這樣的類比並未理解到基本的人類心理學。

6　這並不意味著蔬食者不應致力於政策和制度變革，或應該避免參與公共宣傳。只是要指出，尤其是在人際關係中，處理變革請求的方式將在很大程度上決定這些請求將如何被接受。

強姦和家庭暴力不僅是非法的；也是受到社會譴責的（至少在世界上大部分的地區）。因此，比起吃動物，它們源自於更極端和更有問題的心態。那些僅僅是為了自己的利益而在支持增加同理心和減少暴力的社會條件下主動違抗的人，〔譯註1〕其所表現出的病態程度根本無法與那些順應符合減少同理心和增加對暴力的支持的社會條件下〔譯註2〕的人相比。

當涉及到人際交往時，尤其是在我們的親密關係中，試圖控制對方的做法是既不尊重也不合理的。我們可以決定要在生活中接受和不接受什麼，然後決定自己是否希望繼續這段關係。 如果我們想增加對方做出支持蔬食主義的改變的可能性，並且如果想繼續這段關係，我們最好避免評判對方和試圖控制他們。這些基本上是不利於關係的行為，很可能會帶來與我們所希望的完全相反的結果。

要求對方轉變為「盡可能蔬食／動物友善」

和要求他人成為蔬食者相比，要求對方減少肉類、雞蛋和奶製品的消費無疑會遇到較少的阻力。故你可以要求對方「盡可能地吃素」。這將蔬食主義設定為目標，故減量本身並不會成為終點，這種作法也尊重了他人才是最了解自己能力和需求的專家。而且這不是一個固定的狀態，它可以隨著時間的推移而調整，因此這種變化總是能

〔譯註1〕指強姦和家暴者
〔譯註2〕指對於吃動物一事的社會氛圍

讓人感覺可持續。如果每個人都盡可能地蔬食／動物友善，世界就會更加蔬食／動物友善——而這與現在的情況仍相去甚遠。可能不需要太久，天平就會傾斜，蔬食主義就會成為主流意識形態。

請求對方成為蔬食盟友：是尊重他人、合理和必要的改變

有個尊重他人的合理要求是你可以提出的，它也是能建立安全、相互連結關係的必要條件，就是讓對方成為蔬食盟友，也就是蔬食主義支持者，和支持你蔬食的盟友，即便他們本身並非蔬食者。要成為任何類型的盟友，就有必要了解欲支持的人的經驗和需求。否則，支持——也就是盟友關係，將是不可能成功建立的。

你的行為要求可能會包括讓對方做三件事：

1. **了解蔬食主義（在合理的範圍內，並且要讓他們真正理解到你為何選擇蔬食）；**
2. **見證理解你在非蔬食世界中成為蔬食者是怎樣的情況，哪些事情可以幫助你在情感上感到安全，以及哪些事情會使你感到不安全；**
3. **做一些能讓你感覺得到更多支持的事情，比如當別人取笑你時不要跟著笑，或者幫你烹飪要帶去晚餐聚會的純蔬食物，讓你不會感到孤單。**

如果我們不能真正了解彼此眼中的世界是什麼樣子，就不可能建

立安全、相互連結的關係。而當其中一人身為非主流群體的成員時，比如一位蔬食者，盟友關係就更顯得重要，因為這個世界大多都沒有體現他們的經驗或支持他們的需求。

讓你生命中的非蔬食者了解蔬食主義，是完全合適和非常必要的。這不是為了讓他們成為蔬食者，而是讓他們能夠了解你。另一方需要足夠了解為何人們要轉變為蔬食者，為何你成為了蔬食者，以及你在這世界上身為一位蔬食者是什麼感覺。他們需要在你生活中這個非常重要的領域見證你，即使他們自己不想成為蔬食者，也要理解蔬食主義之於你的價值。如果他們貶低或看不起蔬食主義，他們就是在貶低和看不起你，而這種蔑視正是人際關係的致命傷。

當然，在不太親密的關係中，你不一定會期望得到同樣程度的理解和見證。但是，期望對方尊重你是怎樣的人以及對你來說重要的事情，是任何關係中的基本要素。因此，就算你的父親可能永遠不會真正理解蔬食哲學，但他仍然可以尊重你的生活方式和信念。[7]安全、相互連結的關係源於相互尊重，而盟友關係是尊重的基礎。當我們不努力去理解對他人來說重要的是什麼，當我們忽視或貶低他們的價值觀時，我們就沒有在尊重他們。

要求對方成為蔬食盟友，比起要求他們成為蔬食者，自然是更加尊重的做法，部分原因是，你要求的改變顯然「干你的事」；這是關於他人的行為對你的直接影響。提出我們希望如何被對待的要求，通常比提出我們希望別人如何被對待的要求，要來的更有禮貌，因為人

7　請參閱〔附錄 8〕，了解如何要求他人尊重您的蔬食主義。

們認為對任何直接影響自己的事情發聲，是相當合情合理的。[8]附錄 6 提供了一個示範，說明你可以如何提出成為盟友的要求。

當你生命中的非蔬食者成為蔬食盟友時，將可以在極大程度地改變你們之間的動態，你也因此而不再需要他們成為完全的蔬食者。當覺得停止吃動物的壓力較小時，最終他們可能就會決定轉素。當關心彼此的人相聚在一起時是以慈心相連並感到安全時，奇蹟就會發生。

以適當的方式請求改變

當我們有禮貌地要求改變時，我們是在請求而不是命令對方改變。提出請求是在表達需要，對方有權拒絕而不至於受到懲罰或評判。如果他們說不，我們可能不會喜歡，甚至可能選擇離開這段關係，但我們會接受對方的本來面目，也接受他們的決定。當我們提出的是「命令」時，無論我們是否有意識到這一點，若對方拒絕了我們的要求，我們將無法接受。對方也會感覺自己沒有說不的權利。

請求應該是具體的，而非模糊不清的。例如你可能會說「請詢問你的母親，當我們去吃飯時，她是否會將火雞放在另一個房間裡」，而不是「請你的母親在我們去吃飯時尊重我的蔬食主義」。

8　參見Andrew Christensen, Brian D. Doss, and Neil S. Jacobson,《Reconcilable Differences: Rebuild Your Relationship by Rediscovering the Partner You Love——Without Losing Yourself,》2nd ed.（New York: Guilford Press, 2014）. 書名暫譯《可調解的差異：重新發現您愛的伴侶並重建關係，同時不迷失自己》。

請求應包括對行為如何影響我們以及我們為什麼需要這項改變的說明。在適當的時候，我們還可以明確表示我們的目標是與他人建立更多的連結。故你可能會像這樣說：

　　當我們和你的家人在一起，你父親描述他的狩獵探險時，我感到非常焦慮和不安。我能想到的只有那些動物的痛苦，讓我想起關於動物被槍殺的血腥影片。我覺得自己什麼也不能說，因為我是房間裡唯一的蔬食者。最重要的是，我感到不被尊重，因為你的家人知道我對殺死動物的感受是如何，卻仍然在我面前談論這些事情。最糟糕的是，我感到完全被孤立，因為你和他們一起笑，就好像我不在那裡一樣。我忍不住覺得你並不在乎我的感受，讓我退縮並開始感到與你斷開了連結。我真的需要知道你會在我的身邊，我可以依靠你。你是我生命中最重要的人，你的支持對我來說就像整個世界。我需要知道你支持我，你了解我的感受，你關心我的感受。當事情對我來說如此艱難時，知道你在我身邊，事情會變得完全不同。所以我想問你，是否可以做一些我認為真的能夠幫助我減少焦慮，並與你建立更多連結的事情呢？

　　當請求改變時，我們也可以提供對方支持，讓雙方成為在改變過程中的盟友。我們可以問：「在這個過程中我可以怎樣幫助你？有什麼我可以改變，而能幫助你做出改變的事情嗎？」這不是談判的邀請，而是提供支持，幫助雙方感覺到他們在這個過程中是一起的——而事實也確實如此。

　　最後，讓對方成為自己選擇和需求的主角，這一點至關重要。如

果他們是出於自己認為足夠且有效的理由而同意改變行為，請接受他們的決定並相信對方會以符合他們自己最大利益的方式來行動。例如，有時當蔬食者的伴侶同意停止吃動物時，蔬食者並不滿意，他會說：「我不希望你為了我而成為蔬食者。我希望你這樣做是因為你具有這樣的信念。」蔬食者會這樣想是有道理的。畢竟，出於信念以外的原因而成為蔬食者的人，更有可能重新陷入肉食主義。此外，蔬食者感到與對方無法連結的一個關鍵要素正是因為他們的伴侶不認同自己的價值觀。

但正如我們所討論的，要求另一個人改變他們的態度和感受，既不合理也不尊重對方。人們只有在準備好時才會進行意識上的轉變。如果對方真的願意出於對你的愛和尊重而停止吃動物（預設他們至少從中看到了一些好處），那麼他們確實展現出了對你很重要的價值觀──比如慈心、平等和堅定。研究指出，當人們出於任何原因停止吃動物時，他們更有可能會發生意識上的轉變，並成為該議題的支持者。[9]即使對方從不擁護蔬食的道德面向，在生命中能擁有重視你的幸福和關係如此之多，以至於願意改變他們的生活方式來支持你的人，是一份珍貴的禮物。

9　參見托比亞斯‧李納特（Tobias Leenaert），《打造全蔬食世界》（How to Create a Vegan World: A Pragmatic Approach）。

支持改變

　　一旦做出了改變的決定，雙方都可以做一些事情來幫助確保這個改變能堅持下去，並且對各自來說都是可行的。對改變的過程保持務實和富有同理心的態度是重要的第一步。改變行為是一個過程，而不是一次性事件。與所有的過程一樣，改變也需要時間，而且通常會出現失誤。如果我們了解行為改變的過程可能會是向前邁出兩步後，能再往後退一步，我們就會放下原本可能會產生的完美主義和挫敗感。當我們能預料到所謂「失敗」的發生在這過程中是正常的，有時甚至是不可避免時，就能避免不切實際的期望導致的挫折和絕望。在改變過程中，請以慈心對待自己和他人。

　　我們也能努力識別並儘量減少會影響改變的障礙。成功往往不是增強意志力的結果，而是減少我們前進道路上的障礙。因此，當失誤發生時——或者理想情況下，在失誤發生之前——我們可以試著找出阻礙目標的障礙並設法減少它們。「減少障礙」通常遠比只是「更努力嘗試」來得有效得多。

轉變後的阻力：矛盾心理

即使改變的過程已經開始，對轉變後會遇到的阻力做好心理準備，仍會有所幫助的。改變後的阻力可能來自於正在改變的人或請求改變的人。

許多轉變後的阻力會以矛盾心理的形式出現，即對改變感到矛盾。即便我們是要求改變的人，也會很自然地產生一些矛盾心理。

大部分的重大轉變會涉及到角色的改變，這將會非常具有挑戰性。即使是那些最終對我們無益的角色，也可能會很難擺脫：無論這些經歷是多麼痛苦，我們都傾向於緊抓著熟悉的事物。例如，如果你是道德上的過度功能者，[譯註3]而你的伴侶已經同意轉為蔬食者，儘管你渴望這樣的改變，但一部分的你也可能會感到受威脅。如果你不再處於道德過度功能者的位置，你可能會覺得控制感或價值感降低了，故你可能會開始提高道德標準——也許會開始要求對方不僅要是蔬食者，還得成為蔬食推廣者。

〔譯註3〕過度功能者（overfunctioner），是指在關係中過度展現功能的一方，可能以過度的積極和努力來掌控關係中的主導權。

可能你對於對方變得積極的需求是確實的，但也可能是因為你在抗拒自己系統的改變。當沒有意識到自己的角色是如何影響我們時，我們就可能會退回到熟悉的模式中，並把另一個人也拉進來。

改變後的矛盾心理也可能是由於權力不平衡而產生的矛盾情緒。例如，一位蔬食者可能真的希望她的非蔬食者兒子停止吃動物，但她可能不希望麻煩她兒子或讓兒子因她的要求而感到不便。非主流社會群體的成員通常會認為自己沒有資格提出與自己的立場相關的要求。因此，蔬食者最終可能會撤回請求，因為一旦開始得到他們要求的改變，他們就會感到內疚而無法接受。當關係中的純蔬食者是女性時，這種現象會更加明顯，因為女孩和女性已經被社會化到認為自己沒有資格被滿足需求。矛盾心理會導致我們對於改變的請求存在不一致的訊息，而這可能會阻礙改變的過程。我們可能會感到改變後的矛盾心理的另一個因素是，改變往往伴隨著痛苦，許多人從小就被教導，當我們感到痛苦時，就意味著出問題了，但這個訊息通常是不精確的。想想你在劇烈鍛鍊後的第二天可能會感到的疼痛，並非所有的痛苦都顯示我們走錯了路，打破舊模式可能伴隨的焦慮、沮喪和困惑是伴隨成長而來的痛苦，是對拓展舒適區和進化成為更成熟的自我而產生的自然反應。

我們的關係能順利嗎？

假設你已經提出了改變的請求，但事情仍然不是照你所需要的那樣，能讓你在關係中感到安全和連結的方式發生：也許對方拒絕了你的請求；也許你的請求沒有達到效果，因為無論你如何嘗試，都無法在關係中持續做自己，你們之間的關係連結亦不足以支持積極的變化；或者也許你已經得到了你要求的改變，卻仍然對你們的關係不滿意。那該怎麼辦？

如果對方拒絕改變，你可以重新審視改變的過程並確定你是否可以妥協於較小的改變，或者是否可以接受差異。如果這些都不可行，那麼你可能需要考慮，是否該討論這關係是否適合你。如果問題出在你無法持續做自己，或是對方改變了但你仍然不開心，那麼你得去確定問題到底出在哪裡。是在他人、你自己還是你們的關係？問問自己，你是否在實踐本書中的原則時遇到了困難，因為對方仍繼續以會破壞你的嘗試的方式行事。如果是這樣，你將需要決定，為了維持這段關係自己願意努力到怎樣的程度。就我們在關係中所付出的努力而言，雙方都應分擔至少接近一半的責任，如果我們發現自己正在做兩人份的努力，也就是說，正在單方面維持兩人的關係，那麼我們的關係更像是單方面的「被寄生」，而非相互支持的伙伴關係。把你們的

關係想像成你們倆都坐在同一艘獨木舟內：你是否因為不得不靠自己的力量讓船移動而感到筋疲力盡？如果你擔心如果自己放下槳，你們的關係就會陷入停頓，那麼你可能正在推動的是若非你扛下過度的負荷，否則就沒有動力持續前進的關係。若你擔心當自己停止為大部分的連結而努力，你就會感到孤獨，那麼你可能早已處在孤獨之中了。如果不確定你們的關係是否存在不平衡，你可以嘗試在幾天或幾週內只做自己份內的努力，看看會發生什麼事。如果你發現如果沒有你這樣的投入，這段關係確實是不可持續的，但你仍然覺得不能放手，你可能需要去檢視自己的依附類型，看看你對失去關係的恐懼是否讓你陷入了不符合你最大利益的關係的困境之中。

但是，若你們真的對彼此懷有善意，雙方都沒有準備好結束這段關係呢？如果對方就是不知道該如何做，而且似乎無法做到，那該怎麼辦？或者，如果你就是那個無法做出自己知道需要做出什麼改變的人怎麼辦？在這種情況下，你們可能要考慮尋求伴侶諮商。一位好的諮商師可以幫助你們釐清各自待解決的問題。如果你們之間的問題是可以解決的，他們就會幫助你們往這方向走。早點尋求幫助會更好，越早找到問題的根源，就越有可能有效地處理它。

去尋求輔導或治療師，對於許多蔬食者來說，可能會感到受威脅，因為治療師不太可能是蔬食者。幸運的是，現在已經有許多友善蔬食者的治療師，這意味著他們至少是蔬食者的盟友。[10]即使你與一

---

10 In Defense of Animals 有一個支持蔬食者的專案，其中包括一份友善蔬食者的心理師名單。在以下網址「可持續的行動主義」中能找到更多訊息：https://www.idausa.org/campaign/sustainable-activism/activist-resource-list

位不是以蔬食者盟友身分而聞名的治療師合作，若他們有足夠的專業能力，就應仍能夠提供協助。〔譯註4〕

意識到我們自己和關係之外的某些問題也可能導致斷連，並成為我們嘗試改變的障礙，也是相當重要的。這些障礙包括心理問題，例如抑鬱、焦慮、注意力不足過動症（ADHD）、成癮和人格障礙。這些問題本質上會造成關係斷連，它們可能多年甚至終生都不會被發現，如果你認為此類問題可能會影響你或你的關係，則值得進一步了解並尋求專業人士協助。

若非因為你或對方的個人問題阻礙了你們之間的連結，那麼你們的關係中可能存在不相容的問題，導致你感到與對方斷連。因此，你需要決定是否可以接受這種不相容性對關係連結所造成的限制。你可能會發現自己可以安詳地待在這個狀態。如果不行，而且此關係是屬於柏拉圖式的關係，你就可能要考慮改變關係的類別，這是我們在第 3 章討論過的問題。如果你們屬於浪漫伴侶關係，並且從伴侶到朋友的類別改變感覺太難了，那麼你可能得與對方討論結束關係的可能性。

〔譯註4〕台灣的心理專業人員大致可以分為以下三類：臨床心理師、諮商心理師、身心科醫師

良善地結束你的浪漫伴侶關係

我們如何活著，就傾向如何死去；我們還愛的時候如何對待彼此，就會以如何的態度離開。換句話說，如果我們在生活中富有慈心，就會在離開時仍帶有關懷；如果我們在關係中富有慈心，我們較有可能在分離時也富有慈心。即使在一起的時候，我們沒有以太多的慈心去對待彼此，那也沒理由不從現在開始這樣做。請記住，每次互動都是實踐良善的機會。

不幸的是，當解除夥伴關係時，許多人並沒有表現出最佳行為。造成這種情況的一個原因是，即使已經是最能被接受的結局，受傷的感覺也常常會妨礙我們的同理心。另一個原因是我們根本沒有學會如何良善地結束關係。相反地，我們被教導的是在整個關係中最脆弱的時刻互相傷害。思考一下我們用來描述分手的方式：我們「拋棄了」某人（就像一塊垃圾），我們會說我們的關係「失敗了」（好像我們正在接受測試，好像所有的關係都注定要永遠持續下去）。我們被教導去相信，僅僅因為我們想這樣做，就忽略他人的呼求或對於連結的請求的行為，是完全可以被接受的，因為他們已經不再是我們的「伴侶」了。

那麼，我們如何以誠信正直來結束或轉換我們的關係呢？首先，我們必須致力於保障安全感。關係的結束會讓人產生極度的不安全感，如果我們將支持對方的安全感視為第一優先，並讓他們知道這一點，恐懼和防衛就會顯著地減少。我們需要明確表示這一承諾，以讓對方清楚我們的意圖。你可以如此說，「我不想讓你感到受傷，我會盡我所能幫助你在這個過程中感到安全。」

　　幫助確保安全感的一種方法是共同決定關係的結局。除非我們處於控制或虐待的關係中，否則最好不要單方面決定結束這段關係。當我們做出對他人生活產生重大影響的單方面決定時，我們就是在對他們施以完全的控制。這種行為可能會讓對方造成創傷。許多人以創傷倖存者的身分來到關係中，經歷過我們在意和讓我們坦露脆弱的人，單方面決定結束曾經共有的關係的毀滅性經歷，將我們丟在沒有發言權、也沒有力量的位置。我們可以透過兩種方式避免做出單方面的決定。首先，如果我們真的開始思考自己在這段關係中是否快樂，可以儘早讓伴侶知道這件事。如此一來，我們就可以一起解決問題。我們讓對方有機會參與這個過程——他們應該要參與這個過程，因為他們也是這段關係的一部分——並防止意外分手帶來的衝擊，這可能會造成心理創傷。我們也可以試著採取一些措施來療癒這段關係。接下來，若我們明確地想要結束這段關係，但我們的伴侶仍然不想放手，我們可以進行對話並嘗試找到方法來達成共識。這個過程可能需要數週時間，但非常值得。如果人們在會影響他們的過程中擁有權力或得以發聲，並且能看到此決定最終能符合他們的最大利益，那麼他們感到創傷的可能性將會大大降低。終究，不留在自己不被珍惜的關係之

中，正符合了人們的最大利益，因為我們都需要並且值得被珍惜。即便他們仍然選擇要維持這段關係，如果他們已經能接受繼續下去對我們來說會是痛苦的，最終也會對他們不利，他們就可能會同意放手。

一旦達成終止關係的決定，我們就可以一起制訂安全協議。準則性問題應該是「雙方各自需要什麼，才能在這個過程中感到安全？」每個人都可以分享他們的恐懼，並決定可以做些什麼來減輕彼此的恐懼。該協議必須讓雙方都感到合理，並且可以是在一段時間過後重新審視的協議。例如，我們可以同意在3個月內不與其他人約會，而且當任何人有需要時能夠隨時交談。或者我們可以同意在一段特定時期內試行分手，然後重新考慮分手的決定。

許多人可能會覺得這種協議不適當或不公平，特別是如果我們是想分手的那一方。畢竟，一旦關係結束，支持對方將不再是我們的責任。但這個過程是我們可以為正在經歷具有挑戰性的情感體驗的任何人所提供的最低限度的服務，更不用說是與我們曾經有著密切連結的人了。只因為我們的文化長期以來將傷害的行為正常化，讓努力保護他人脆弱的心似乎變成了不合常理的行為。

改變是不可避免的。無論是否願意改變，我們和我們的關係都不是一成不變的。因此，我們的選擇不是我們是否要改變，而是我們要如何改變。當我們對改變抱持著開放的態度時，我們會接受而非抗拒生活。我們在行動中是有意識的、富有慈心和勇氣的。我們可以展開翅膀，朝著可能更好的自己和我們的關係飛升。而且，正如甘地所說，我們可以成為我們希望看到的改變。

附錄

附錄1　需求清單

以下列出了人們在關係中可能存在的一些常見需求。 但這些絕非所有項目。

選擇你的首要需求並將它們與對方的首要需求進行比對，將會很有幫助。然後，你們可以討論哪些行動可以滿足你們的每個需求。例如，如果你需要感到被珍惜，你可能需要對方告訴你，特別是他們為何選擇了你——是什麼讓你對他們來說是特別和有價值的。

- 接納
- 欽佩
- 喜愛
- 感激
- 歸屬感
- 感到有挑戰性
- 感到被珍惜（特別和被選中）
- 親近
- 能夠坦誠交流
- 陪伴
- 同情
- 感到有能力
- 能夠信賴對方
- 同理心
- 自由
- 樂趣
- 成長
- 幽默
- 親密

- 了解和被了解
- 愛
- 被認為重要
- 被需要
- 呵護
- 有秩序
- 在場
- 尊重
- 安全感
- 滿足性需求（感到有吸引力、被吸引和性滿足）
- 空間
- 機動性
- 穩定
- 支持
- 碰觸
- 能夠信任對方
- 感到被重視
- 溫暖

附錄2　次級創傷壓力症狀檢覈表[1]

在過去一個月內你所經歷的症狀旁邊打勾。每隔幾個月就執行一次會是個不錯的主意，可以管理你的體驗。這不是診斷測試，而是幫助你了解潛在次級創傷壓力水平的工具。

- 感到無助和絕望
- 一種你永遠做不夠的感覺
- 過度警覺（例如，過度專注於工作和感覺必須馬上完成工作）
- 創造力下降
- 忽略他人的痛苦（將他人的痛苦視為微不足道，如果它並沒有那麼可怕的話；同理心減弱；將痛苦階級化）（註：對正在受苦的人的痛苦進行比較和劃分階級。比如：認為他的痛苦「比較不痛

1　此列表是根據以下來源，針對蔬食者情況進行了修訂：《創傷照管：照顧別人的你，更要留意自己的傷》（Trauma Stewardship: An Everyday Guide to Caring for Self While Caring for Others），作者蘿拉・李普斯基（Laura van Dernoot Lipsky）和康妮・柏克（Connie Burk）Transforming the Pain: A Workbook on Vicarious Traumatization（New York: W. W. Norton, 1996）.，作者Karen W. Saakvitne and Laurie Anne Pearlman。書名暫譯：《轉化疼痛：替代性創傷工作手冊》

苦」，所以可以忽略；或是認為他不應該對某事件感受「那麼痛苦」。）

- 難以傾聽
- 迴避並感到難以承受應對他人
- 感到解離（感覺與自己／世界脫節）
- 罪惡感（當你沒有採取措施解決問題時感到內疚；感覺過度負責；認為別人有罪）
- 自我忽視（未滿足自己的需要；認為自己的需求不重要）
- 長期擔心或焦慮
- 憤怒和易怒情況都增多了
- 憤世嫉俗（對人類或世界失去信心）
- 非黑即白的思維（例如，從好／壞、對／錯的角度看待世界；需要選邊站；形成工作場所的小團體和分歧）
- 感覺麻木（難以感受，所以不得不運用危機或刺激的情況
- 來強化感覺）
- 感覺過度敏感（對噪音、感覺、要求等），可能會覺得需要使用藥物或酒精來使自己平靜下來
- 成癮（尤其是工作）
- 自大（感覺「比別人好」或優於他人；感覺你可以而且應該解決所有問題）
- 侵入性想法（突然出現在腦海中的想法，通常是親眼目睹的痛苦）
- 噩夢
- 渴望幫助某些受害者

■ 無法「放手」與推廣有關的事情，即使當需要這麼做的時候

■ 失去生活的樂趣

■ 感覺無能

■ 沮喪

■ 睡眠障礙（失眠；嗜睡）

■ 從創傷中的角色來看待世界：人（和動物）不是受害者、迫害者，就是拯救者

附錄3 衝突案例

蔬食者漢娜（Hannah）嫁給了非蔬食者阿薩德（Asad）。這對夫婦達成協議，在家吃飯時必須蔬食，而且阿薩德只會在漢娜不在時才吃動物產品。阿薩德支持蔬食主義，但覺得一直避免食用動物產品太難了；他希望能夠和別人一起用餐，而不是覺得自己像個局外人。阿薩德剛和朋友吃完晚飯回家。

漢娜：「你晚上過得怎麼樣？」（真心想知道阿薩德晚上過得怎麼樣，但也有點緊張，擔心他吃了非蔬食食物）

阿薩德：「很好。很高興在這麼久之後再次見到史蒂夫和陳。」

漢娜：「你們去哪兒了？」（盡量不表現出在試探的感覺，真希望她丈夫在哪裡吃飯對自己來說沒差，也認為自己最好不要知道，但她也知道，若她不問就會坐立難安）

阿薩德：「只去了PF張的店。我們不想塞車，所以只留在附近。」（還沒有意識到漢娜的情感指控，所以沒有感到需要防備）

漢娜（鬆了口氣，因為PF張的店有獨立的蔬食菜單，當他們兩個一起出去的時候，阿薩德總是喜歡從中選擇要點的菜）：「哦，那

你點了麻婆豆腐嗎？」

阿薩德（意識到緊張局勢，以及談話正朝往的方向）：「不，我們想要點三道我們都能吃的菜來分享。」（希望談話就此打住，在他不得不說出這三道菜不是蔬食之前）

漢娜：「我很困惑。所以你們不能分享麻婆豆腐嗎？這有什麼不能吃的？」

阿薩德：「拜託，你知道這些傢伙永遠不會吃素的。」（感到抱歉，知道他的不堅定，讓其他人決定了要點的菜，感到有點丟臉，並且因為他感到受到責備和不公平的評判而升起防衛，因為同意他可以在自己一人時吃非蔬食食物這件事情沒有被尊重）

漢娜：「所以你得去資助虐待動物的行業，因為不想讓你的朋友因為點了你自己都認為美味的食物而感到不便？你有建議過他們考慮蔬食選項嗎？」（現在已經被觸發，感覺特別憤怒和震驚，因為似乎沒有任何吃動物的正當理由）

阿薩德：「這不公平！我 99% 的時間都吃蔬食！我在家的時候都配合你吃素，我們一起出去的時候，我甚至從不點奶酪。你還想怎麼樣？」（感到絕望，好像他的努力永遠不夠，並且感覺自己沒被看見和不被欣賞，即使已經做出如此重大的改變）

漢娜：「哦，所以不吃死掉的動物，對你來說是工作？是妥協？我以為你吃純素，是因為你真的在意並想成為一個好人。而不是讓自己遠離動物虐待只是為了讓我不嘮叨你！」

阿薩德：「這不公平！照照鏡子。你站在這裡訓斥你自己的配偶。這算哪門子『好人』啊！」

漢娜：「我不是在『訓斥』你，我只是在告訴你真相。你說你認同蔬食主義，你以前甚至為它辯護過，但每次和肉食者在一起時，你都會屈服。好像你沒骨頭似的（指沒骨氣），只願意在容易的時候做正確的事。」

阿薩德：「哦，所以現在我又殘忍又懶惰嗎？你太不可理喻了。我竭盡全力讓你開心，但對你來說永遠不夠！那我做這些嘗試又有什麼用！」

附錄4　衝突鏈分析表

衝突鏈案例

漢娜

誘因	敘述	感受	防衛策略
競爭需求 **行為** 主要情緒或身體情緒狀態 敘述	阿薩德可能吃了動物製品，因此，他可能促進了動物的痛苦。如果他只是為了自己的舒適和方便而吃動物，我無法將他看作是一個好人。	焦慮（無法保持對阿薩德的尊重，因此不能夠感受到與他的連結）；沮喪（儘管有達成協議，仍然無法在情緒上感到安全）；阿薩德的批判	為了減輕焦慮，問阿薩德去了哪裡，晚餐吃了什麼，希望他會說他選擇了蔬食：「你們去哪兒了？」和「哦，那你點了麻婆豆腐嗎？」

衝突鏈案例

阿薩德

敘述	感受	防衛策略
漢娜盤問我，逼我承認我吃了肉。她這樣對我不公平，儘管她知道我們協議好了，而我也沒有違反協議，她還是把我當壞人對待。她試圖控制我。無論我多麼遷就她的蔬食主義，她都不會滿足，我做什麼都永遠不夠。	自我防衛（感覺被認為是一個壞人，感覺被控制）；生氣（因為漢娜沒遵守我們約定）；焦慮（擔心如果她發現我吃肉，會演變為爭吵）；有點內疚（儘管我不是蔬食者，但我認同蔬食主義，也不喜歡自己傷害動物）	把注意力從我吃了什麼的話題上轉開，以免漢娜發現我吃了肉，並先發制人地解釋我只是想讓每個人都開心：「不，我們想要點三道我們都能吃的菜來分享。」

衝突鏈案例的介入解法

漢娜

誘因	敘述	感受	防衛策略

<table>
<tr>
<td>
競爭需求

行為

主要情緒
或身體情緒
狀態

敘述
</td>
<td>
阿薩德可能吃了動物製品，因此，他可能促進了動物的痛苦。如果他只是為了自己的舒適和方便而吃動物，我無法將他看作是一個好人。
</td>
<td>
焦慮（無法保持對阿薩德的尊重，因此不能夠感受到與他的連結）；沮喪（儘管有達成協議，仍然無法在情緒上感到安全）；阿薩德的批判
</td>
<td>
為了減輕焦慮，問阿薩德去了哪裡，晚餐吃了什麼，希望他會說他選擇了蔬食：「你們去哪兒了？」和「哦，那你點了麻婆豆腐嗎？」
</td>
</tr>
</table>

敘事修正	感受調整	防衛策略調整

<table>
<tr>
<td>
我知道我們有協議，而阿薩德沒有做任何違反協議的事情。不過，我注意到自己開始批判他了。也許我對我們的協議並未感到認同。在這種情況下，我們應該討論此事，並找到一個兼顧到雙方的新解決方案。我還注意到「我認為阿薩德很自私」的想法被活化了，因此我要去注意最近關於「他並不自私」的例子。
</td>
<td>
我注意到我開始批判和感到焦慮，我想我感到自己被觸發了。我會盡量注意我的情緒，而不是讓它們支配我的行為。我知道當我被觸發時，我的想法會被扭曲，我的感受會被誇大，所以我不會在這個時候對阿薩德或我的關係下任何結論。
</td>
<td>
我可以直接表達我的感受：「我知道我們有協議，如果你有按照協議行事，我不希望你感到難過。我只是對於想到你吃肉的這件事起了反應，我感覺有點被觸發，與你的連結也減少了。我們可以談談這個嗎？我們可以想出一個讓我能尊重我們的協議的方法，或者看看是否應該修改它？」
或者，在我比較沒那麼被觸發，並進行自我檢視之前，就先什麼也不要說。也許我會發現我實際上同意這個協議，我們就不需要再去討論它。
</td>
</tr>
</table>

衝突鏈案例的介入解法

阿薩德

敘述	感受	防衛策略

敘述

漢娜盤問我，逼我承認我吃了肉。她這樣對我不公平，儘管她知道我們協議好了，而我也沒有違反協議，她還是把我當壞人對待。她試圖控制我。無論我多麼遷就她的蔬食主義，她都不會滿足，我做什麼都永遠不夠。

感受

自我防衛（感覺被認為是一個壞人，感覺被控制）；生氣（因為漢娜沒遵守我們約定）；焦慮（擔心如果她發現我吃肉，會演變為爭吵）；有點內疚（儘管我不是蔬食者，但我認同蔬食主義，也不喜歡自己傷害動物）

防衛策略

把注意力從我吃了什麼的話題上轉開，以免漢娜發現我吃了肉，並先發制人地解釋我只是想讓每個人都開心：「不，我們想要點三道我們都能吃的菜來分享。」

敘事修正

我看得出來漢娜變得焦躁不安。我知道這對她來說是一個非常敏感的問題，而且我知道她只有在被觸發時才會這樣逼問我。我對我們的協議似乎沒有奏效這一事實不甚滿意，但我不會認為漢娜是故意違反它的。我知道漢娜愛我，不想讓我感到被控制；這也是為什麼她當初會同意協議的原因。我們只需要重新審視協議並嘗試制定出新的策略。

感受調整

我可以辨識出自己感到防備，這通常會發生在當我感到被評判或控制的時候。這種感覺對我來說很熟悉；每當我們有這個爭論時，它總是會出現。

我知道漢娜和我需要在某個時間點來談談這個衝突，以打破這種模式。就目前而言，我只要努力確保我不會出於防備的感覺而對漢娜猛烈抨擊或是離開她。

防衛策略調整

我可以直接分享我的經驗，而不是轉移談話的焦點：「當你問我在哪裡吃了什麼，我覺得你在試圖弄清楚我是否有吃肉，因此我感到防備。

而且你似乎有點被觸發，儘管我知道我可能對你的情況有誤解。無論如何，我知道這對我們來說是一個非常敏感的問題。

如果你對我吃肉這一事實感到不安，而我也確實這樣做了，讓我們來談談我們的協議，確認我們是否需要修改它，以讓雙方都感覺良好。這樣你就不必擔心我吃了或沒吃什麼，如此一來我就不用在你身邊遮遮掩掩。」

衝突鏈分析表

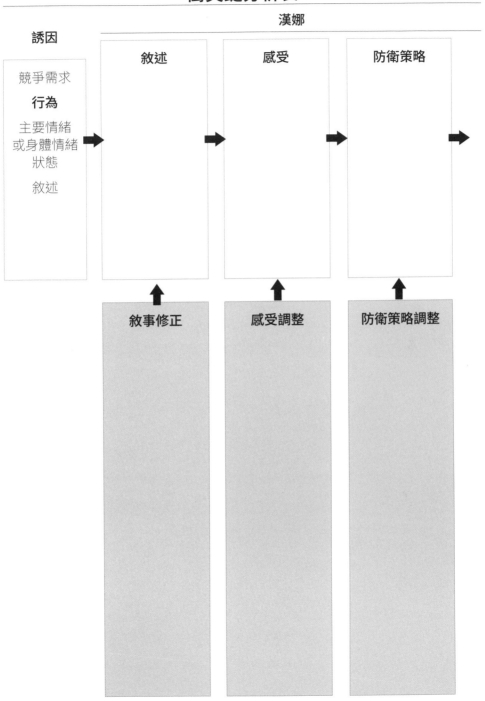

漢娜

誘因

競爭需求

行為

主要情緒
或身體情緒
狀態

敘述

敘述 → 感受 → 防衛策略 →

敘事修正 ↑ 感受調整 ↑ 防衛策略調整 ↑

衝突鏈案例的介入解法

阿薩德

敘述		感受		防衛策略	
	→		→		→

敘事修正	感受調整	防衛策略調整

附錄5　衝突鏈引導問題

　　以下問題旨在幫助你清楚地了解你們的衝突鏈，以便能夠更適當地介入。嘗試盡可能地回答問題，但不要覺得你必須回答所有問題。這些問題只是作為引導，幫助你更深入、更客觀地反思你們的衝突。

1.　是什麼引發了衝突——引發衝突的因素是什麼？（例如，可能是一場爭論，突然出現在你腦海中的一個想法，或者可能只是你突然意識到的一種疏離感。）

2.　在這個因素出現之前發生了什麼事件；是什麼導致了這些爭論、想法、感覺等？（例如，也許你仍然對過去的另一個爭論感到憤怒。）

　　嘗試透過衝突鏈去追溯衝突的誘發因素，即最初的觸發因素：是來自於相互競爭的需求、行為、主要情緒或身體情緒狀態，還是敘事？你可能無法確定誘發因素，但請嘗試運用衝突鏈這項工具，盡可能地深入回顧。

3.　你對衝突的敘事是什麼？你如何解讀衝突的原因？

4.　基於可觀察的事實和合理的分析，你的敘事真的準確嗎？或者

能否用其他方法來解讀這個衝突？

5. 你針對敘事的反應，做出了哪些行為？（你批評過對方嗎？離開並在心中樹起了一堵牆？是否有試著和他們討論一下情況？）

6. 你的行為如何影響對方？如果不確定，請嘗試想像對方可能如何受到你行為的影響。

7. 當你正在做這件事時，你覺得他們會怎麼想？他們的敘事會是什麼？

8. 這個敘事可能使他們產生了什麼樣的感受？

9. 對方在你眼中的基模是什麼樣子？換句話說，想出一到五個你如何看待對方的品質或行為的描述。（試著想像一下對方的誇張漫畫角色會是什麼樣子，這通常是我們的基模。對方的哪些方面被我們誇大了？）

10. 你所建立關於對方的基模，是基於什麼客觀訊息或事實？

11. 哪些事實或證據反駁了你的「對方基模」；有哪些例子說明了這個模式可能不準確？

12. 你所列出的部分或全部的「對方基模」中的特質或行為，是否有任何正面的角度？（例如，如果一種特質是「冷漠無情」或「不善解人意」，那麼這種特質的另一面可能是在其他人可能帶有過多的情緒或主觀性做出反應的情況下，保持理性和客觀

的能力。）

13. 你的衝突敘事和「對方基模」可能反映了哪些更深層次的恐懼？（例如，如果你的敘事是對方在道德上與你格格不入，而你的「對方基模」是：對方很自私。你可能會擔心你們的關係是不可持續的，而最終你會變得孤獨和沮喪。）

14. 你現在的自我基模是什麼？（也要考慮你有沒有以任何方式將自己視為「較為優越」或「比較差勁」。）

15. 你的自我基模可能反映了哪些更深層次的恐懼？（例如，如果你的自我基模是高標準或從不滿足，你可能會擔心堅持你的需求會導致被拒絕或拋棄。）

16. 你需要怎麼做才能感到更安全和更緊密？（你需要再保證嗎？如果需要，需要怎樣的保證才能讓你感到被愛？你希望對方做出什麼具體的行為來幫助你感到安心？）

附錄6　請求蔬食盟友

　　當請求他人成為蔬食盟友時，回想他們可能已經以其他方式作為你的盟友了，會很有幫助。提出做更多正向改變的請求總是比提出減少負面改變的請求要好。另外，如果他人已經了解身為盟友會是何種情況的初步輪廓，那麼他們就更容易理解成為蔬食盟友的意義。

　　在提出請求時分享自己的過程，這可以讓其他人對你感同身受，並保持流暢的溝通。例如，如果你感到很難分享自己的脆弱，或者擔心他們會評判你，你可以如實告知。你也可以告訴他們，你也想成為他們生命中的盟友。

　　以下的請求範例僅為參考指南，你可以根據個人情況對其進行調整。只需做出你認為必要的修改，以適用於你們關係的親密度，並調整成你平時的溝通的語氣，可依照你的需求和目的選擇使用多少以下措辭。

我需要和你談談我正在苦苦掙扎的事情，我想請求你的幫忙。談論這件事對我來說很困難，因為我感到很脆弱，但這真的很重要，所以我正試著踏出舒適區來讓你知道我怎麼了。

　　在我說出希望你能如何幫助我之前，我需要你了解問題所在，所以請先聽我說。我需要知道，你了解我眼中的世界是什麼樣子。

　　這是關於成為蔬食者這件事是如何影響著我的生命。

　　我對成為蔬食者感到無比光榮，而且我在很多方面都因為成為蔬食者而感覺好多了。只是，我正面臨著很多對我來說真的很沉重的壓力。基本上，因為這個世界還不是非常蔬食友善，所以無論我走到哪裡，幾乎總是感到被誤解、被忽略、和不被重視，這很令人沮喪和疲憊。最重要的是，我真的感到很孤獨。

　　無論我在哪裡，我幾乎總是唯一的蔬食者，沒有人了解我的經歷。人們拿我的價值觀和信念開玩笑，或者說一些侮辱蔬食者刻板印象的話，說我「過於情緒化」或「激進」。如果我生病了，總是會被人說是因為我的飲食習慣有問題，即使我一句話也沒講，當有人發現我是蔬食者時，他們會馬上開始跟我說，為何我的生活方式是「錯誤的」──他們試著教育我有關營養的知識，或者告訴我畜牧業對經濟發展來說是必要的，或說蔬食主義只適合有錢人等。沒有蔬食經驗的人突然搖身一變成了蔬食專家，開始評判我、和我爭論。這與誰對誰錯沒太大關係，而是人們覺得自己有資格發表評論，貶低和摒棄我最深的價值觀和信念。也許可以想像一下，假設我是穆斯林或基督徒，人們會開我的玩笑，因為我不吃豬肉，或者告訴我上帝不存在，

或者和我辯論聖經的內容，我的感受會是如何？可能會對你的理解有所幫助。我知道蔬食主義不是一種宗教，但它是一種基於價值觀的信念體系，它建構了我的核心，就像伊斯蘭教或基督教之於某些人，因此我也感到類似的不受尊重。

另外，無論我走到哪裡，周圍的一切都在提醒著最讓我傷心和痛苦的一件事。我看待這個世界的眼光與非蔬食者不同。當我看到肉、蛋和奶製品時，儘管我努力嘗試了，但還是不禁看出那些就是死去動物的屍體。我不禁回想起曾經看過關於動物是如何被飼養和殺死的可怕影片，並且不由自主地感到恐懼。我覺得我正行走於一個充滿痛苦和死亡的世界，但我周圍的每個人都認為我瘋了，因為我感受到了他們如果像我一樣意識到正發生在動物身上的事情，他們也可能會感受到的悲傷和反感。

也許想像一般的動物產品是來自狗和貓，能幫助你了解我的經驗。或許，每當你經過上面印著一家人正在笑著吃漢堡的廣告牌，或者每當你和別人一起坐下吃飯，分食著一片起司披薩的時候，也會升起同樣的感受。

因此，若能知道即使世界上其他人都不了解我或蔬食主義，但你懂，將會大大減輕我的壓力。我不是要你吃素，我只是想讓你了解我的世界，我就不會感到如此孤獨。不管世界上其他人怎樣對我，我需要知道你是我的盟友，你能看見我、並且重視我的存在，尤其是在艱難的時刻，知道可以依靠你，這對我來說會有很大的不同。

你已經在很多方面為我做了這樣的事。例如，我能忍受回去探望

家人的唯一原因是因為我知道當他們開始爭論和八卦別人時，你完全懂我的感受。當你在房間的另一頭看著我，像是在說：「又來了」，而當我們開車回家，整趟路都在討論著這次回家對我來說有多麼困難，當回到家時，我就感覺幾乎回到正常狀態了。你是我的盟友，你讓我覺得自己並不孤單。

因此，即使你沒有吃素，我也需要知道你了解什麼是蔬食主義，它對我來說意味著什麼，以及我在非蔬食的世界中以蔬食者的身分生活是怎樣的感覺。這也會幫助我感覺與你的連結更加緊密，因為我會覺得你真的在我生命中這個非常重要的領域，看到了真正的我。

我認為最有幫助的是能夠與你分享有關蔬食主義的訊息——再次說明，這不是為了改變你的信念或生活方式，而是為了讓你足夠了解，以理解我並成為我的盟友。當我需要的時候，能夠和你談談我作為蔬食者的經歷，這對我來說也會很有幫助，就像我可以和你談談生命中的其他事情一樣。你願意這樣做嗎？我能做些什麼來幫助你，能夠以這種方式來幫助我嗎？

附錄7 請求慈心見證

以下是如何要求見證的範例，可根據你的個人情況來量身打造，以下範例僅作為參考指南。

如你所知，成為蔬食者對於我來說非常重要。蔬食信念和價值觀是我生命的核心。如果覺得你不了解我生命中的這項主要領域，我會感到沒被看見，似乎無法成為真正的自己，好像我必須讓自己的一部分遠離我們的關係，導致我感覺與你的連結比我所希望的少。

因為想與你有更多的連結，我希望能夠與你分享有關蔬食主義的訊息——不是要試圖改變你或讓你成為蔬食者，而是讓你能夠理解我。基本上，我需要知道你知道從我眼中看到的世界是什麼樣子，只有當你足夠了解蔬食主義以及成為蔬食者之於我的意義時，才有可能達到這個目的。「足夠」的意思是，足以讓我覺得你真的明白了這個議題，還有你真的理解我。

而且我也願意了解對你來說重要的任何事情，如此你可以感受到更被我看見和重視，以及與我有更多的連結（當然，只要這個議題對我來說不是太難承受）。

附錄8　請求尊重

以下是你可以如何要求被更尊重地對待的範例。可根據你的個人情況制定此請求，它僅用於參考指南。

我知道我們在某些方面是不同的，我並非要你改變信念或生活方式，也不是要你成為蔬食者。我只是希望我們能夠以一種讓我感覺舒服的方式進行互動，為此我需要感覺到你對我的尊重，這意味著你尊重我成為蔬食者的選擇。

我並不是說你沒有感覺自己有對我尊重——你是你自己和你的感受的專家。我只是說你所做的一些事情沒有讓我感受到尊重。像是當你開玩笑說蔬食者是「小鹿斑比愛好者」時；或當我向活動主辦人說明為什麼我不吃裡面有雞蛋的烘焙食物時，你翻了白眼；還有當你在其他客人面前和我辯論蔬食主義時。當你取笑、貶低或駁斥蔬食主義時，你就是在取笑、貶低或駁斥我的信念和價值觀，也就是在取笑、貶低或駁斥我這個人。

也許想像一下，有一位穆斯林或基督徒，當你針對他們不吃豬肉這點開玩笑或表示不耐煩，或者告訴他們上帝不存在，並和他們辯論

聖經的內容時，他們的感受會是如何，可能會對你的理解有所幫助。我知道蔬食主義不是一種宗教，但它是一種基於價值觀的信念體系，它建構了我的核心，就像伊斯蘭教或基督教之於某些人一樣，因此我也感到類似的不受尊重。

我覺得你沒有對我表現出尊重時，會讓我感到很受傷、很孤單。無論身在何處，我幾乎總是唯一的蔬食者，我需要知道我生命中的人支持我，他們理解和尊重我，即使他們的信念與我不同。

附錄9　給非蔬食者的信

親愛的非蔬食者：

你正在閱讀這封信，可能是因為你的生命中有一位蔬食者（或奶蛋蔬食者）想與你建立更多的連結。[1]也許你們在相互交流時遇到了困難，感覺就像彼此在說不同的語言。也許你們倆都感到疏遠，都不知道該怎麼做才能彌合這個差距。

也許，你們都想感受到被理解、欣賞和尊重，而且也都非常關心對方，因此才會使用這封信來加強連結。所以你們有著共同的目標。我代表你生命中的蔬食者寫這封信，因為對於許多蔬食者來說，他們很難將自己的經歷用語言表達出來，以幫助非蔬食者理解他們。蔬食者的經歷很複雜，如果你們兩人之間一直都存在和蔬食有關的緊張感，蔬食者可能會更難坦率和清楚地表達自己。

我想，你生命中的蔬食者會與你分享這封信，是因為他們認為這反映了他們的個人經歷。不過，你可能想知道我是誰，以及為什麼我會寫這封信。我有很多與蔬食者合作的經驗：我曾與全球六大洲、39

1　為簡單起見，我使用了「蔬食者」來稱呼「純蔬食者」和「奶蛋蔬食者」。

個國家的數千名蔬食者進行過交談。而且，雖然每個人的經歷都是獨一無二的，但我發現大多數蔬食者都有一些共同的經歷，這些就是我在這裡列出的經歷。此外，我是一名專門研究人際關係的心理學家，尤其是蔬食者和非蔬食者之間的關係。

儘管我目前是一位蔬食者，但我從小就吃肉、雞蛋和奶製品，而且我與非蔬食者有很多密切的關係。

在各種關係中——不僅是蔬食者和非蔬食者之間的關係——感覺更緊密（以及整體來說更快樂）的關鍵是能夠「懷有慈心地見證」彼此。[2]懷有慈心的見證就是傾聽——帶著同理心、慈心，並且盡我們所能，不加評判地專注傾聽。當你和生命中的蔬食者帶著慈心地見證對方時，你們將會收穫相互理解和尊重，即使是談論最具挑戰性的問題，你們也會感到安全。只有當我們透過彼此的眼光了解並欣賞世界的樣子，並且相信對方會在他們說出或做出可能影響我們的話或事情時，盡最大努力考慮到我們的感受時，才有可能建立起連結。

對你和你生命中的蔬食者來說，成為彼此懷著慈心的見證人是很重要的（只要你們都不要求對方見證會違背自己價值觀或導致任何一人感到不安全的經歷）。這封信旨在幫助你們開始這個過程，幫助你見證生命中的那位蔬食者。先邀請你作為見證人的原因是因為人們對成為蔬食者代表了什麼意義，仍知之甚少。例如，在美國，每49名葷食者中只有1名蔬食者。不僅大多數人對蔬食者的世界究竟是什麼樣

2　這段話引用自Kaethe Weingarten 的著作：Common Shock: Witnessing Violence Every Day（New York: NAL Trade, Brown, 2004）。書名暫譯為《習以為常的震驚：目睹暴力的日常》。

子知之甚少，對蔬食主義和蔬食者也有很多誤解，這會妨礙非蔬食者在生命中與蔬食者的連結感。

感謝你願意成為你生命中那位蔬食者的見證人。

要在你的生命中見證蔬食者，首先要了解蔬食者經驗的基礎——了解蔬食主義到底是什麼。人們經常錯誤地認為蔬食主義是一種趨勢、一種宗教或一種飲食。的確，在世界上的某些地方，成為蔬食者正在成為一種時尚，並且像宗教一樣，蔬食主義是奠基於價值觀。蔬食主義也確實透過飲食來展現其中的一部分。然而，蔬食主義實際上是一種提倡慈心和尊重所有眾生的信念體系。

蔬食主義與我們大多數人自然思考和感受的方式一致。大多數人是真誠地關心動物，不希望牠們受苦，但是因為我們成長於一個限制我們食用某些類型動物的世界（例如，你可能會吃豬、雞或馬，取決於你來自什麼文化），導致我們自動將這些動物視為食物。我們很早就被教導要捨棄對養殖動物的自然同理心。想想當你在可愛動物區或YouTube影片中看到小豬或小雞奔跑和玩耍時的感受，你可能會自然而然地感受到與牠們的連結，不想看到牠們受到傷害，而這種連結和關懷的感覺正是你的自然狀態。

慈心和尊重他人的蔬食主義價值觀其實就是人類的價值觀，是我們共同的價值觀，蔬食者正在努力創造我們都想要的那種世界，一個不那麼暴力的世界。所以你和你生命中的蔬食者可能比你想像的更加一致。蔬食者不見得與其他人不同。他們之所以看起來不同，只是因為不幸的是，這個世界的設定使得大多數人很少有機會能獲得關於蔬

食主義的準確訊息——而長期被誤解的蔬食者也經常被找碴，導致他們的感受和行動，開始變得看似圈外人一般。

蔬食者和非蔬食者之間的主要區別在於，在他們生命中的某個時刻，蔬食者的經歷使他們意識到養殖動物和其他動物之間沒有真正的區別（當涉及到牠們感到快樂和痛苦的能力，以及擁有對牠們來說很重要的生命的事實）。因此，蔬食者不再將養殖動物視為食物。一旦有了這種視角的轉變，你的整體觀感和體驗就會改變。

想像以下場景，能夠幫助你理解你生命中的蔬食者的觀點轉變。某天早上當你一覺醒來時，你發現你周圍的所有肉、蛋和奶製品都不像你所認為的那樣，是來自豬、雞和牛，而是來自狗和貓。讓你看見這個真相的人會帶你參觀「現實世界」，並向你展示飼養和殺死這些動物的工廠。

你看到了虐待現場，聽到咽嗚聲、嘶嘶聲和尖叫聲；你目睹小貓被活活碾碎，小狗被從嚎叫的母親身上扯下來，動物在完全清醒的情況下被剝皮和煮沸。那天當你稍後開車去上班時，你看到一卡車的這些動物被載往屠宰場的路上，牠們的眼睛和鼻子擠在卡車側面版條縫隙中，你盡一切可能避開視線，狠下心不動聲色，因為你知道自己無法拯救牠們。

之後當你回到家人身邊，與世界上其他所有人一樣，他們從未接觸過這些你所得知的訊息，且他們正準備以牛排當晚餐。當你看著牛排時，剛剛目睹的恐怖事件回憶如洪水般湧上來，情緒激動到無法自己。當試圖向家人解釋你所看到的東西時，你盡力控制自己的感受。

但他們沒有看到你所看到的，在他們看來你有點精神錯亂。於是你更加努力，拼命地想讓他們透過你的眼睛看世界。

但他們很快地變得防備和感到憤怒。他們所成長的文化，教導他們將質疑吃狗和貓的人視為激進分子、過於情緒化、並且關心動物比關心人還多。他們還被教導成認定像你這樣的人是帶有偏見的，並且正在推動會剝奪他們選擇自由的陰謀。他們拒絕傾聽你，並叫你不要把自己的價值觀強加給別人：「你做你的選擇，我做我的。」

因此，蔬食者所經歷的觀點轉變就像個大雜燴。一方面，成為蔬食者是會帶來強大賦權感的選擇，是處在走阻力最小的途徑容易得多（從眾）的這個世界上，一個符合慈心和正義核心價值的決定。許多蔬食者說，成為蔬食者讓他們感到自豪和有力量，因為他們知道自己是比起他們個人來說更加偉大的事物——一場讓世界變得更美好的社會運動——的一部分。蔬食者也認為，他們感覺更健康，與志同道合的人連結更緊密了。然而，許多蔬食者也感到長期被誤解、忽略和不受重視，導致沮喪和疲憊。也許最重要的是，這令人感到相當孤獨。

蔬食者幾乎總是自身周圍唯一的蔬食者，因此他們沒有人可以交談或替他們說話，並且經常受到不尊重的評論。成千上萬的蔬食者含淚描述了人們如何經常在別人面前拿自己的價值觀和信念開玩笑。他們不僅感到被嘲笑和羞辱，而且對回應感到無助：他們要嘛會為了替自己和他們的信念挺身而出，而被調侃沒有幽默感，不然就是得接受這個讓他們感覺到很受傷和被冒犯的笑話。

蔬食者也經常受到負面刻板印象的評論，例如，被批評他們過於

情緒化、極端或不健康。事實上，對於得了單純感冒的蔬食者來說，被人說他們是因飲食而生病的狀況是很常見的——所以他們覺得自己必須一直假裝自己的健康狀態非常完美，否則蔬食主義就會被看不起，也會對不起動物。

無數蔬食者也談到，一旦他們被認出是蔬食者，非蔬食者就會馬上開始解釋蔬食主義是「錯誤的」。例如，非蔬食者可能會嘗試對蔬食者進行有關營養知識的教育，或者告訴我畜牧業對經濟發展的必要性，或說蔬食主義只適合有錢人等。沒有蔬食經驗的人突然變成了這方面的專家，開始對蔬食者進行評判和爭論，覺得自己有資格以一種他們永遠不會對其他群體成員做的方式去貶低或摒棄蔬食者最深刻的價值觀和信念。可以想像如果非穆斯林嘲笑穆斯林不吃豬肉、非基督徒告訴剛認識的基督徒上帝不存在，或者與他們辯論聖經的內容，可能有助於了解蔬食者在這種情況下的感受。

許多蔬食者面臨的另一項掙扎是不斷地被提醒著最讓他們深感痛苦的事情。在目睹了恐怖的動物屠殺之後，蔬食者不斷地被殺戮後的產品所圍繞——肉類、雞蛋和奶製品。蔬食者即使在自己的家裡也常常無法得到庇護。如果連最親近的人都不了解他們的經歷和需求，蔬食者會覺得沒有地方對他們來說是真正安全的。

上面提到關於蔬食者在世界上的一些掙扎，是為了幫助你更加了解蔬食者的生命經歷。不過，我知道非蔬食者也會經歷到某些掙扎。例如，非蔬食者可能會因為繼續吃動物而感到生命中的蔬食者對自己的評判，也可能會覺得自己為減少消費肉類、雞蛋和奶製品所做的努

力不夠。如果你正處於這種情況，請嘗試理解蔬食者也許並非故意無視你的需求，雖然讓你和你生命中的蔬食者找到能讓雙方感到被見證和被理解的方式很重要——每個人都需要，這些需求也應該被滿足。因為必須應對生活在非蔬食世界中的許多挫折，蔬食者可能會以不太理想的方式行事。他們不知道如何處理因看到發生在動物身上的真相而產生的情緒，或是遇到周圍非蔬食者的抵抗所產生的情緒。一旦你生命中的蔬食者感到真實的自己和信念被看見、理解和尊重時，他們很可能會開始將你視為盟友，而不是敵人。

總歸來說，成為你生命中蔬食者富有慈心的見證人，會讓你成為他們真正的盟友。「蔬食盟友」是支持蔬食主義價值觀和生命中蔬食者的人，即便自己本身並非蔬食者。成為蔬食盟友意味著你願意傾聽生命中的蔬食者，了解他們作為蔬食者身處在非蔬食世界中的感受，傾聽他們需要如何才能感覺到你和他們站在一起，支持他們的奮鬥，並理解他們的努力。試著去理解你生命中的蔬食者正在盡他們最大的努力去應對一個令情緒崩壞的情況——他們選擇打開雙眼和內心去面對的情況，只是因為他們在乎，因為他們想讓世界變得更加美好。作為蔬食者的盟友，你不僅幫助了自己生命中的蔬食者，同時也幫助了這個世界。你在解決動物痛苦問題的解方中扮演了不可或缺的一部分，盟友的角色對於帶來正向的社會變革是至關重要的。

如果你能成為你生命中蔬食者的盟友，就是給了他們一份非常棒的禮物。我們永遠不應該低估一個人在另一個人感到孤單時能帶來的改變。而雙方都將獲得一份回禮，那就是與彼此之間的連結。

國家圖書館出版品預行編目資料

餐桌上的幸福溝通課：有效改善蔬食者與非蔬食者間關係之指南／梅樂妮・
喬伊（Melanie Joy）著；留漪譯. -- 初版. -- 臺北市：原水文化出版：英屬蓋
曼群島商家庭傳媒股份有限公司城邦分公司發行, 2022.10
　　面；　公分
譯自：Beyond Beliefs: a guide to improving relationships and communication for
　　vegans, vegetarians, and meat eaters

　　ISBN　978-626-96478-7-3（平裝）
　　1.CST: 素食主義 2.CST: 肉食者 3.CST: 溝通 4.CST: 傳播心理學

427.014   111014928

餐桌上的幸福溝通課：有效改善蔬食者與非蔬食者間關係之指南

Beyond Beliefs: a guide to improving relationships and communication for vegans, vegetarians, and meat eaters

作　　　　者／梅樂妮・喬伊 Melanie Joy
選書・譯者／留漪
責 任 編 輯／潘玉女

行 銷 經 理／王維君
業 務 經 理／羅越華
總　編　輯／林小鈴
發　行　人／何飛鵬
出　　　版／原水文化
　　　　　　台北市民生東路二段141號8樓
　　　　　　電話：02-25007008　　傳真：02-25027676
　　　　　　E-mail：H2O@cite.com.tw　部落格：http://citeh2o.pixnet.net/blog/
　　　　　　FB粉絲專頁：https://www.facebook.com/citeh2o/
發　　　　行／英屬蓋曼群島商家庭傳媒股份有限公司城邦分公司
　　　　　　台北市中山區民生東路二段 141 號 11 樓
　　　　　　書虫客服服務專線：02-25007718・02-25007719
　　　　　　24 小時傳真服務：02-25001990・02-25001991
　　　　　　服務時間：週一至週五09:30-12:00・13:30-17:00
　　　　　　讀者服務信箱 email：service@readingclub.com.tw
劃 撥 帳 號／19863813　戶名：書虫股份有限公司
香港發行所／城邦（香港）出版集團有限公司
　　　　　　地址：香港灣仔駱克道 193 號東超商業中心 1 樓
　　　　　　Email：hkcite@biznetvigator.com
　　　　　　電話：(852)25086231　　傳真：(852) 25789337
馬新發行所／城邦（馬新）出版集團
　　　　　　41, Jalan Radin Anum, Bandar Baru Sri Petaling,
　　　　　　57000 Kuala Lumpur, Malaysia.
　　　　　　電話：(603) 90578822　　傳真：(603) 90576622
　　　　　　電郵：cite@cite.com.my

美 術 設 計／劉麗雪
內 頁 排 版／游淑萍
製 版 印 刷／卡樂彩色製版印刷有限公司
初　　　版／2022年10月6日
定　　　價／450元

ISBN　978-626-96478-7-3

城邦讀書花園
www.cite.com.tw